Gudrun Kalmbach

Diskrete Mathematik

Ein Intensivkurs für Studienanfänger
mit Turbo Pascal-Programmen

Aus dem Programm
Mathematik und Mikrocomputer

Dynamische Systeme und Fraktale
Computergrafische Experimente mit Pascal
von K.-H. Becker und M. Dörfler

Angewandte Statistik
Einführung, Problemlösungen mit dem Mikrocomputer
von K. Bosch

Diskrete Mathematik
Ein Intensivkurs für Studienanfänger
mit Turbo Pascal-Programmen
von G. Kalmbach

Pascal
Algebra – Numerik – Computergraphik
von S. Fedtke

Vieweg

Gudrun Kalmbach

Diskrete Mathematik

**Ein Intensivkurs für Studienanfänger
mit Turbo Pascal-Programmen**

Friedr. Vieweg & Sohn   Braunschweig / Wiesbaden

Der Verlag Vieweg ist ein Unternehmen der Verlagsgruppe Bertelsmann.

Umschlaggestaltung: Ludwig Markgraf, Wiesbaden

ISBN-13: 978-3-528-06303-0   e-ISBN-13: 978-3-322-84188-9
DOI: 10.1007/ 978-3-322-84188-9

Vorwort

どうも

D ō M O

In der *diskreten Mathematik* beschäftigt man sich mit endlichen oder abzählbaren mathematischen Strukturen und mit Algorithmen, die in einem Computerprogramm verarbeitet werden können.

Die Kapitel des vorliegenden *Buches* sind themenbezogen. Die *Themen* sind so ausgewählt, daß sie sowohl von *Lehrern* als Ergänzung des Unterrichts in der gymnasialen Kollegstufe benutzt, als auch von *Studienanfängern* der Mathematik selbst erarbeitet werden können.

Im *ersten Kapitel* werden die axiomatische Methode und Grundbegriffe der Mengenlehre behandelt.

Das *zweite Kapitel* enthält verschiedene Formulierungen des Prinzips der vollständigen Induktion, einen Beweis des Dirichletschen Schubfachprinzips und das Prinzip der rekursiven Definition.

Im *dritten Kapitel* wird das Rechnen modulo einer natürlichen Zahl n eingeführt, eine allgemeine Teilbarkeitsregel aufgestellt und einige Ergebnisse zum euklidischen Algorithmus, über Polynome, die Eulersche φ-Funktion und die Moebiussche Funktion erwähnt. Die Moebiussche Umkehrformel wird bewiesen.

Kapitel vier enthält einige wichtige kombinatorische Abzählprinzipien für Permutationen, Partitionen und das Inklusions-Exklusionsprinzip. Es werden erzeugende Funktionen und die Produktdarstellung von Wahlfunktionen behandelt. Überleitend zum nächsten Kapitel ist der am Schluß des Kapitels bewiesene Satz von Ramsey in einer graphentheoretischen Version.

Grundlegende graphentheoretische Definitionen und Anwendungen sind an vielen Stellen des Buches zu finden. Im *fünften Kapitel* werden die wichtigen Begriffe hierzu zusammengestellt und Sätze über Bäume, Wälder, Hamiltonsche Kreise, Eulersche Linien, die Eulersche Formel und Pflasterungen der Ebene bewiesen.

Codierungen werden im *sechsten Kapitel* behandelt. Spezielle Codierungen, die erwähnt werden, sind der Binärcode, Morsecode, ein militärischer Geheimcode, Blockcodes mit dem Hammingabstand und zwei fehlerkorrigierende Golay-Codes. Benötigt werden Resultate über endliche Vektorräume und das Polynomrechnen modulo n. Die Grundbegriffe hierzu und zu einigen relevanten algebraischen Strukturen, wie Gruppen und endliche Körper, werden eingeführt.

Polynome $p(x)$ und Fractale sind die zwei Themen des *siebten Kapitels*. Das Hornerschema zur Berechnung von Polynomwerten $p(c)$ wird angegeben. Die approximativen Berechnungen von Nullstellen $p(x) = 0$ nach Newton und der Regula falsi, Bernsteinpolynome und die Interpolation nach Lagrange und Newton sind im ersten Teil des

Kapitels zu finden. Im zweiten Teil werden die imaginäre Zahl i und die Gaußsche Zahlenebene der komplexen Zahlen eingeführt, um die rekursive Formel zur Orbitberechnung von Fractalen erläutern zu können. Ein Computerprogramm des Anhangs wird erwähnt, mit dem Fractale berechnet und graphisch dargestellt werden können.

Die Simplexmethode der linearen Optimierung wird mittels einer bekannten tabellarischen Methode, dem Simplexverfahren, in *Kapitel acht* beschrieben.

Das *neunte Kapitel* enthält einige logische Angaben zur Syntax und Semantik von Sprachen, zu den Produktionen von Worten oder Aussagen-Formeln, generativen Kontextsprachen und Programmiersprachen. Turingmaschinen werden definiert, und eine Turingmaschine wird für die Addition von Zahlen beschrieben. Die Church These gibt den Zusammenhang zwischen Turingmaschinen und Computerprogrammen an. Für die berechenbaren reellen Zahlen wird mit dem Cantorschen Diagonalverfahren gezeigt, daß nicht alle reellen Zahlen berechenbar sind.

Die formale Begriffsanalyse des *zehnten Kapitels* benutzt Ordnungen für Begriffe eines Kontextes, die anders aussehen als die lineare Ordnung der reellen Zahlen. Die Cantormenge wird beschrieben als eine lineare Ordnung mit ungewöhnlichen Eigenschaften. Begriffe werden durch Gegenstandsmengen und ihre Merkmale festgelegt und nach zeitlichen, hierarchischen oder Präferenzengesichtspunkten geordnet. Die graphische Darstellung von (nicht-linearen) endlichen Ordnungen durch ein Hasse Diagramm wird angegeben und einige Beispiele von Begriffsverbänden erwähnt. Galoiskorrespondenzen verbinden Gegenstandsmengen mit den Merkmalsmengen eines gegebenen Kontextes. Dies wird zum Anlaß genommen, um eine Galoiskorrespondenz zwischen der Struktur der Automorphismengruppe eines Körpers und der Ordnungsstruktur seiner Unterkörper zu erläutern. Als Übung wird am Ende des Kapitels ein geometrischer Kontext im Zusammenhang mit den regulären Pflasterungen der Kugeloberfläche angegeben.

Die Taxonomie wird seit langem auf biologische Abstammungsfragen angewandt und im *elften Kapitel* in einer modernen Form, der Cluster Analyse SAHN, beschrieben. Die statistischen Daten hierzu sind nicht ausgeführt. Jedoch sind an zwei Beispielen die statistischen Begriffe der Korrelation und der Binominalverteilung angegeben.

In einer Beispiel-Skizze werden im *zwölften Kapitel* vier Anwendungen der kybernetischen Methode der Flußdiagramme erläutert. Das erste Beispiel stammt aus der Musteranalyse, das zweite aus der Regelungstechnik, das dritte aus einer Testwortverarbeitung und das letzte aus der elektronischen Musik.

Die Themen dieses Buches wurden von mir bei den Intensivkurven Mathematik 1985 bis 1987 verwendet. Im *Anhang* sind hierzu einige von A. Herold überarbeitete Turbo-Pascalprogramme zu finden, die von Schülern und ihren studentischen Tutoren während der Intensivkurse geschrieben wurden. Diese und weitere Programme sind auf einer das Buch begleitenden Diskette für IBM PC und Compatible unter MS-DOS erhältlich.

In diesem Buch werden neue Definitionen meist fett und in *italics* geschrieben. Das Zitat „Satz 5.3" oder „Bild 4.1" verweist auf den Satz 5.3 oder das Bild 4.1 in Kapitel 5 oder 4. Auf ergänzende Literatur wird am Ende des Buches verwiesen.

Mein besonderer Dank gilt den Schülern, Studenten und Lehrern, die mir bei der Gestaltung des Buchmaterials geholfen haben. Die Programme sind von S. Angerer, A. Fachat, A. Fuhr, G. Hartmann, A. Herold, W. Mack, N. Mommer, A. Rüdinger, P. Schupp,

W. Schwartz, C. Stemmer, R. Stolle, M. Trittler, M. Uhl und K. Wiese erstellt oder bearbeitet und in ihrer Lauffähigkeit von A. Herold in dankenswerter Weise verbessert worden. Viele Korrekturen des Textes verdanke ich der kritischen Mitarbeit von O. Boos, F. Decker, M. Dichtl, R. Elsebach, A. Herold, S. Hofmann, S. Löhnert, F. Rösing, E. Schade, W. Schwartz, H.-J. Wall, B. Weber, W. Weber und R. Wille.

Anregungen zu einigen Themen dieses Buches verdanke ich den folgenden Kollegen, die mir sie für einen „Intensivkurs" empfohlen haben: K. Bogart, A. Brandis, B. Branner, G. Bruns, M. Newman, W. Oberschelp, O. Riemenschneider, F. Rösing, R. Stowasser und R. Wille.

Ulm, November 1987 *Gudrun Kalmbach*

Inhaltsverzeichnis

1 AXIOMATIK UND MENGEN

Eine mathematische Theorie wird heute *axiomatisch*
aufgebaut. Die axiomatische Methode geht zurück auf
Euklid, der in seinen *Elementen* ein Axiomensystem für
die nach ihm benannte euklidische Geometrie angab.
(Euklid 1971). Am Anfang einer axiomatischen Theorie
stehen

    (i) *primitive, undefinierte Begriffe und*

    (ii) *Axiome, das sind ausgezeichnete und unbe-
           wiesene Aussagen über die primitiven Begriffe.*

Man hält dabei die Anzahl der primitiven Begriffe und
Axiome möglichst klein. Die axiomatische Theorie wird
dann streng logisch aus den primitiven Begriffen und
den Axiomen aufgebaut:

    (iii) *Weitere Begriffe müssen explizit durch die
            primitiven Begriffe definiert werden und*

    (iv) *weitere Aussagen müssen als Sätze logisch
            aus den Axiomen abgeleitet (bewiesen) werden.*

Im Kapitel über Sprachen und Maschinen gehen wir
auf die logische Struktur von Sätzen genauer ein.
Sätze sind sprachliche Aussagen, denen man semantisch
einen Wahrheitswert „wahr" oder „falsch" zuordnen
kann.
Bevor man sich beim Aufbau einer axiomatischen
Theorie den Aufgaben (iii) und (iv) zuwendet, sucht
man sich ein konkretes *Modell*, um die Widerspruchsfreiheit der Axiome zu testen. Im Modell müssen alle
Axiome wahr sein.
Am folgenden Beispiel wird dies erläutert.

Primitive Begriffe sind:

Punkte a,b,x,y,...

Geraden g,h,... und

der Punkt x *liegt auf* der Geraden g.

Axiome A sind:

A1 Je zwei Punkte liegen auf genau einer Geraden.

A2 Jede Gerade enthält genau zwei verschiedene Punkte.

A3 Es gibt genau vier Punkte.

Man testet die Widerspruchsfreiheit der Axiome an Bild 1.1:

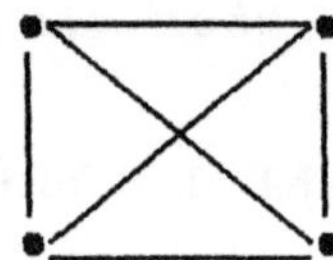

Bild 1.1

Die vier Punkte und sechs Geraden erfüllen die Axiome A, sind also ein Modell von A. Somit kann man aus den Axiomen A1, A2, A3 logisch keinen Widerspruch ableiten. Man beachte, daß der Schnitt der Diagonalen kein Punkt unsres Modells ist; er kommt nur durch die ebene, bildliche Darstellung der sechs Geraden zustande.

Um die Aufgaben (iii) und (iv) einer axiomatischen Theorie zu erläutern, definieren wir in unserm Beispiel: Die Gerade g ist *parallel* zur Geraden h, wenn g und h keinen Punkt gemeinsam haben. Sätze, die man aus den Axiomen A1, A2, A3 beweisen kann, sind:

Es gibt genau sechs Geraden.

Jeder Punkt liegt auf genau drei Geraden.

Jede Gerade hat genau eine Parallele.

Das Beispiel hat somit nur das in Bild 1.1 ange-
gebene Modell. Dies ist eine Besonderheit.

Im allgemeinen hat man für eine axiomatische
Theorie verschiedenartige Modelle. Erstmals wurde das
durch Bolyai und Lobachevsky gezeigt, als sie für die
euklidische Axiomatik A ein nicht-euklidisches, geometrisches Modell konstruierten, in dem alle Axiome
von A mit Ausnahme des sogenannten Parallelenaxioms
gelten. (Blumenthal 1961). Die Entdeckung der nicht-
euklidischen Geometrie revolutionierte die Mathematik. Man fing nach dieser Entdeckung an, frei mit
Axiomensystemen umzugehen.

In *Modellen* werden Aussagen und Sätze S einer
axiomatischen Theorie „interpretiert". Hierbei wird
jeder Aussage S und jedem für die Theorie geeigneten
Modell M ein Wahrheitswert zugeordnet, der angibt, ob
die Aussage S in M wahr oder falsch ist.

Als Übung stelle man Axiome auf, die Bild 1.2 als

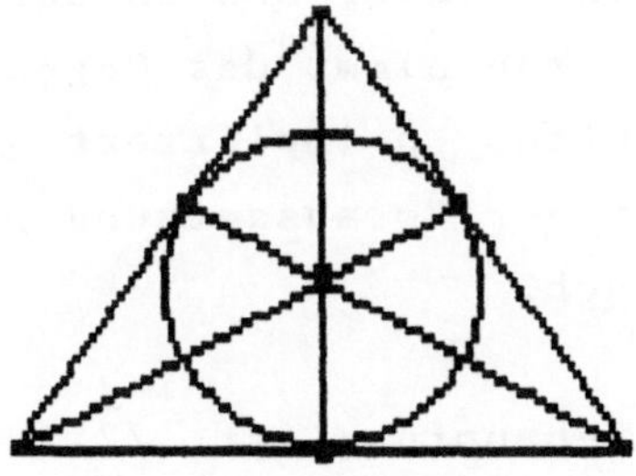

Bild 1.2

Modell haben: Gegeben sind 7 Punkte $\{1,\ldots,7\}$ und 7
Geraden $\{\{1,2,3\},\{1,4,7\},\{1,5,6\},\{2,4,6\},\{2,5,7\},$
$$\{3,4,5\},\{3,6,7\}\},$$
die durch die auf ihnen liegenden Punkte angegeben
sind.

Der Inkreis des Dreiecks zählt auch als Gerade und
enthält die drei Berührungspunkte mit den Seiten des
umschriebenen Dreiecks.

Zum *Beweis* eines Satzes der Form: „aus den Aussagen
$p_1,\dots,p_t$ folgt die Aussage q," verwendet man in
einer axiomatischen Theorie eine Folge von Aussagen
$S_1,\ S_2,\dots,S_n$, wobei S_i entweder ein Axiom oder eine
mathematisch allgemein akzeptierte Tatsache oder eine
Annahme p_k des Satzes ist oder S_i ergibt sich als
logische Schlußfolgerung aus vorhergehenden Aussagen
$S_{i_1},\dots,S_{i_r}$ mit $1 \leq i_1 < \dots < i_r < i$. Die einfachste logische Schlußfolgerung ist der *modus ponens*: Aus p und
(p impliziert q) folgt q. Die Behauptung des Satzes
ist $S_n = q$. Beweise dieser Art heißen *direkte Beweise*.

Indirekte Beweise führt man anders. Unser Satz habe
die Form „p impliziert q". Für die Verneinung einer
Aussage r schreiben wir ¬r. Indirekt zeigen wir „p
impliziert q", indem wir „¬q impliziert ¬p" zeigen.

Eine andere Art indirekter Beweisführung ist der
Widerspruchsbeweis: Man nimmt das Gegenteil ¬q der
Behauptung q des Satzes „p impliziert q" an und führt
diese Annahme unter der Voraussetzung p des Satzes
auf einen Widerspruch.

<u>Beispiel 1.1</u>: Die Behauptung ist: $\sqrt{2}$ ist irrational.

Wir nehmen das Gegenteil an, $\sqrt{2}$ ist rational und
gleich einem Bruch $\frac{m}{n}$, wobei ohne Beschränkung der
Allgemeinheit die ganzen Zahlen m und n keinen echten
Teiler gemeinsam haben. Dann ist 2 gleich m^2/n^2 und
$2 \cdot n^2 = m^2$. Also teilt 2 die Zahl m. Sei $m = 2k$. Dann gilt
$2 \cdot n^2 = 4 \cdot k^2$ und $n^2 = 2 \cdot k^2$. Also teilt 2 auch n, im Wider-

spruch dazu, daß m und n keinen echten Teiler gemeinsam haben. Somit ist gezeigt, daß $\sqrt{2}$ nicht rational ist.

Mathematik wird heute mengentheoretisch formuliert. Unaxiomatisch schrieb der Erfinder der Mengenlehre G. Cantor 1895:

Unter einer „Menge" verstehen wir jede Zusammenfassung M von bestimmten wohlunterschiedenen Objekten unserer Anschauung und unseres Denkens (welche die „Elemente" von M genannt werden) zu einem Ganzen.

Daß die unkontrollierte Mengenbildung rasch auf Widersprüche stößt, zeigte B. Russell. Wir schreiben im folgenden $a \in M$ [$a \notin M$] für die Aussage: a ist [nicht] ein Element der Menge M und geben in geschweiften Klammern zuerst die Elemente x einer Menge M an und nach einem senkrechten Strich die Eigenschaften E(x) der Elemente von M, also: $M = \{x \mid E(x)\}$.

<u>Russelsche Antinomie</u>: $M := \{x \mid x \notin x\}$. Russel stellte die Frage: *Gilt für die so definierte Menge $M \in M$ oder $M \notin M$?*
Angenommen, es gilt $M \in M$, so gilt nach der angegebenen Eigenschaft der Elemente von M auch $M \notin M$, ein Widerspruch. Angenommen es gilt $M \notin M$, dann erfüllt M die Eigenschaft seiner Elemente. Also gilt $M \in M$, ein Widerspruch.
Diese Antinomie zeigt, daß man die freie Mengenbildung durch Axiome einschränken muß. Ein vielbenutztes Axiomensystem ist von E. Zermelo und A. Fraenkel entwickelt worden. (Felscher 1978). Da wir im folgenden

zwar die Mengenschreibweise, aber nicht ihre genaue Axiomatik brauchen, geben wir hier nur wichtige Begriffsbildungen und Eigenschaften von Mengen an, wie sie ausführlicher zum Beispiel in Halmos 1972 gefunden werden können.

Man benutzt in der Mengenlehre als primitive Begriffe: *Mengen* $A,B,M,N,\ldots$, *Elemente* $a,b,x,y,\ldots$ und $x \in M$ [$x \notin M$] für die Aussage „x ist [nicht] ein Element von M".

Für eine Menge M und Elemente x gilt genau eine der Beziehungen $x \in M$ oder $x \notin M$.

Zwei Mengen A und B sind *gleich*, $A=B$, wenn sie dieselben Elemente besitzen, das heißt: $x \in A$ gilt genau dann, wenn $x \in B$ gilt.

A ist eine *Teilmenge* von B, $A \subseteq B$, falls $x \in A$ impliziert $x \in B$.

Für endliche Mengen schreiben wir oft
$$A = \{a_1, \ldots, a_n\}$$
und falls $E(x)$ eine für die Elemente x der Menge C sinnvolle Aussage ist, schreiben wir
$$B = \{x \in C \mid E(x)\}$$
für die Teilmenge $B \subseteq C$ der Elemente $x \in C$, für die $E(x)$ wahr ist.

Die *Durchschnitts*menge $A \cap B$ von A und B enthält genau die Elemente x mit $x \in A$ und $x \in B$, in Formeln:
$$A \cap B = \{x \mid x \in A \text{ und } x \in B\}.$$
Die *Differenz*menge von A ohne B ist $A - B = \{x \in A \mid x \notin B\}$.

Die *Vereinigungs*menge $A \cup B$ wird axiomatisch durch
$$A \cup B = \{x \mid x \in A \text{ oder } x \in B\}$$
eingeführt.

Zur Abkürzung verwenden wir, um Aussagen zu verknüpfen oder zu Negieren, die logischen Symbole

∨ für „oder",

∧ für „und",

¬ für „nicht",

→, ← für „impliziert" in der angegebenen Richtung,

↔ für „dann und nur dann".

Die Teilmengenbeziehung ist

reflexiv: A⊆A,

antisymmetrisch: (A⊆B ∧ B⊆A) → A=B,

transitiv: (A⊆B ∧ B⊆C) → A⊆C,

Es gilt: A⊆B ↔ A=A∩B ↔ B=A∪B.

Es existiert die *leere Menge* ∅, die kein Element enthält. Zu jeder Menge X existiert die *Potenzmenge* ℙ(X), deren Elemente genau die Teilmengen von X sind, ℙ(X)={A | A⊆X}. Für A∈ℙ(X) ist A'=X-A das *Komplement* von A. Man hat für Mengen A,B,C als Rechenregeln:

A∪A=A, A∩A=A, die *Idempotenz*,

A∪B=B∪A, A∩B=B∩A, die *Kommutativität*,

A∪(B∪C)=(A∪B)∪C, A∩(B∩C)=(A∩B)∩C, die *Assoziativität*,

A∪(A∩B)=A, A∩(A∪B)=A, die *Absorption*,

A∪(B∩C)=(A∪B)∩(A∪C), A∩(B∪C)=(A∩B)∪(A∩C), die

Distributivität.

In Potenzmengen ℙ(X) gelten für A,B∈ℙ(X) außerdem:

∅⊆A⊆X, ∅'=X, X'=∅, A''=A, A∩A'=∅, A∪A'=X,

A⊆B ↔ B'⊆A',

(A∪B)'=A'∩B', (A∩B)'=A'∪B', die *de Morganschen*

Regeln.

Eine Mengenidentität wie die de Morgansche Regel (A∪B)'=A'∩B' zeigt man zum Beispiel so:

x∈(A∪B)' ↔ x∈X-(A∪B) ↔ x∉A∪B ↔ x∉A ∧ x∉B ↔ x∈A' ∧ x∈B' ↔ x∈A'∩B'.

Kompliziertere Mengenidentitäten berechnet man oft mittels der *Booleschen Algebra* 2={0,1}, welche als Teilmenge der ganzen Zahlen betrachtet wird und daher die Ordnung $\leq$ und die Supremumsbildung $\vee$ (Maximum zweier Zahlen) und Infimumsbildung $\wedge$ (Minimum zweier Zahlen) besitzt. Auf 2 hat man zusätzlich die durch $0'=1$ und $1'=0$ erklärte Komplementbildung. Man rechnet dann nach, daß 2, versehen mit dieser Struktur die Rechenregeln für Potenzmengen erfüllt, wenn man $\subseteq$ durch $\leq$, $\cup$ durch $\vee$ und $\cap$ durch $\wedge$ ersetzt; also ist 2 ein Modell für Potenzmengen.

Wir geben nun eine allgemeine Berechnung der Identität gewisser, aus Aussagen p, q und r logisch zusammengesetzer Aussagen über *Wahrheitstafeln* (Bild 1.3) an, wobei wir 1 [0] in eine Zeile der Tafel unterhalb r schreiben, wenn wir annehmen oder berechnen, daß r wahr [falsch] ist: Die 0,1-Wahrheitswerte der zusammengesetzten Aussagen werden in der Booleschen Algebra 2 berechnet oder definiert. Wir benutzen die logischen Symbole $\vee, \wedge, \neg, \rightarrow$ wie oben angegeben. Man berechnet dann zum Beispiel, daß $p \rightarrow q$ gleichwertig mit $\neg p \vee q$ ist.

r	$\neg$r		p	q	p$\vee$q		p	q	p$\wedge$q		p	q	p$\rightarrow$q
1	0		1	1	1		1	1	1		1	1	1
0	1		1	0	1		1	0	0		1	0	0
			0	1	1		0	1	0		0	1	1
			0	0	0		0	0	0		0	0	1

p	q	p$\longleftrightarrow$q		p	q	$\neg$p	$\neg$p$\vee$q	p$\rightarrow$q
1	1	1		1	1	0	1	1
1	0	0		1	0	0	0	0
0	1	0		0	1	1	1	1
0	0	1		0	0	1	1	1

Bild 1.3

Als Übung berechne man mittels Wahrheitstafeln:
(a) $p \leftrightarrow q$ ist gleichwertig mit $(p \rightarrow q) \wedge (q \rightarrow p)$,
(b) die distributiven Mengengesetze mit $p \equiv (x \in A)$,
$q \equiv (x \in B)$ und $r \equiv (x \in C)$.

Für gewisse Mengen haben wir eine feste Schreibweise:

$\mathbb{N}$ sind die natürlichen Zahlen $1, 2, \ldots, n, n+1, \ldots$,
$\mathbb{N}_o = \mathbb{N} \cup \{0\}$,
$\mathbb{Z} = \mathbb{N} \cup \{-n \mid n \in \mathbb{N}_o\}$ die ganzen Zahlen,
$\mathbb{Q} = \{p/q \mid p, q \in \mathbb{Z}, q \neq 0\}$ die rationalen Zahlen,
$\mathbb{R}$ sind die reellen Zahlen oder die Punktmenge der
    Zahlengeraden.

Zu einer Menge $\mathcal{A} = \{A_1, \ldots, A_n\}$ von Mengen A_i, $1 \leq i \leq n$,
existiert die Menge der geordneten n-Tupel
$(a_1, \ldots, a_n)$, die Elemente der *Produktmenge* von $\mathcal{A}$,
$$A_1 \times \ldots \times A_n = \{(a_1, \ldots, a_n) \mid a_i \in A_i \text{ für } 1 \leq i \leq n\}$$
sind. Man schreibt auch $\Pi \mathcal{A}$ oder ΠA_i oder $\Pi_{i=1}^n A_i$ für
die Produktmenge und schreibt A^n für die Produktmenge
$\Pi \mathcal{A}$ falls $A = A_i$ gilt für $1 \leq i \leq n$. Man nennt A_i den *i-ten
Faktor* des Produktes ΠA_i und a_i die *i-te Komponente*
des n-Tupels $(a_1, \ldots, a_i, \ldots, a_n) \in A_1 \times \ldots \times A_i \times \ldots \times A_n$.
Den Unterschied zwischen zwei-Tupeln und zwei-elementigen Mengen wollen wir am Beispiel der Graphen
erläutern.

Ein *gerichteter Graph* oder *D-Graph* ist ein Paar
$G = (E, K)$, wobei E die Menge der *Ecken* und $K \subseteq E \times E$ die
Menge der *Kanten* von G ist. Die Kante $k = (a, b)$ hat a
als Anfangs- und b als Endpunkt. Manchmal sagt man,
a, b sind die Endpunkte der Kante k und k verbindet a
mit b. Eine bildliche Darstellung sieht an Beispielen
so aus:

Die Pfeile sind so zu verstehen, daß das erste Bild
die Kante (a,b) darstellt, während das zweite Bild
die Kante (b,a) darstellt. Weitere Beispiele sind:

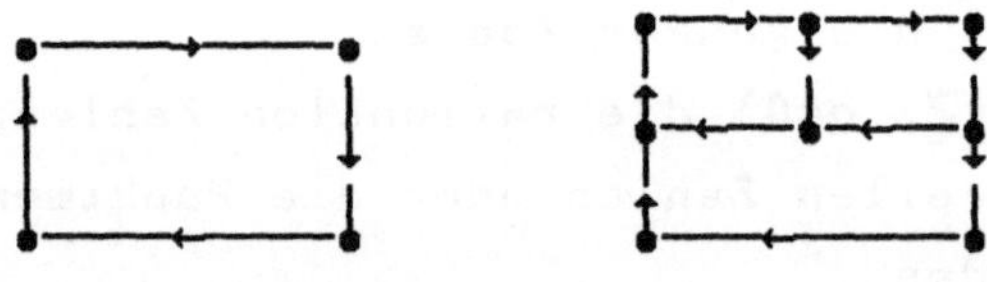

Bild 1.4

Ein *(ungerichteter) Graph* G=(E,K) (Bild 1.5) hat
keine Pfeile an seinen Kanten, Kanten sind zweielementige Teilmengen k={a,b} der Eckenmenge E, es gilt
also K⊆P(E). Die Richtung, in der man eine Kante
durchläuft, spielt hier keine Rolle, da {a,b}={b,a}
gilt.

Zwei Ecken heißen *benachbart*, wenn sie durch eine
Kante verbunden sind.

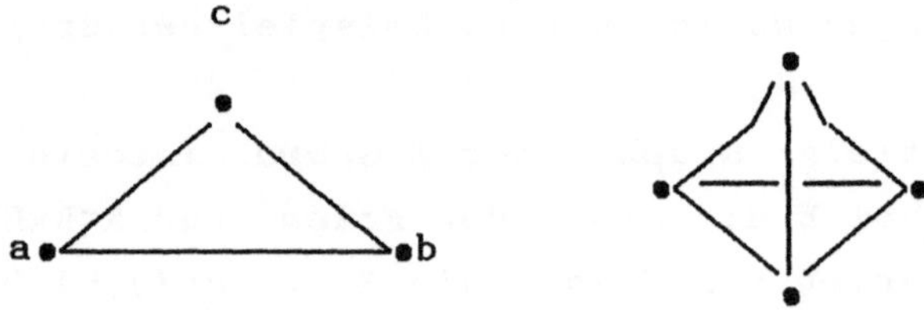

Bild 1.5

Ein *Weg* von $e_o \in E$ nach $e_n \in E$ in dem Graphen $G=(E,K)$, der e_o mit e_n *verbindet*, ist eine endliche Folge von Kanten $k_1=(e_o,e_1),\ldots,k_i=(e_{i-1},e_i),k_{i+1}=(e_i,e_{i+1}),\ldots,k_n=(e_{n-1},e_n)$ in G. Der Graph G heißt *zusammenhängend*, wenn jedes Eckenpaar durch einen Weg in G verbunden werden kann.

Wir nehmen nun an, daß der endliche, zusammenhängende D-Graph G einen elektrischen Stromkreis darstellt und (b,a) keine Kante von G ist falls (a,b) eine Kante von G ist. Sei α_o die Anzahl der Ecken und α_1 die Anzahl der Kanten von G. Die Zahl $c=\alpha_1-\alpha_o+1$ heißt die *zyklomatische Zahl* von G. Sie gibt die Anzahl der unabhängigen, geschlossenen Stromkreise in G an und der gerichtete Stromfluß in G wird dann durch genau c lineare Gleichungen bestimmt.

Wir kehren zurück zur allgemeinen Mengenlehre. Eine *Relation* R von der Menge A nach der Menge B ist eine Teilmenge $R \subseteq A \times B$. Für Paare $(a,b) \in R$ schreiben wir meistens aRb, so wie wir es von der Ordnungsrelation $x \leq y$ zwischen reellen Zahlen $x,y \in \mathbb{R}$ gewohnt sind. Das *Inverse* R^{-1} der Relation R ist die Menge

$$R^{-1}:=\left\{ (b,a) \in B \times A \mid (a,b) \in R \right\}.$$

Eine *Äquivalenzrelation* $\approx$ auf einer Menge A ist eine Relation $\approx \subseteq A \times A$ mit den Eigenschaften

reflexiv: $x \approx x$ gilt für alle $x \in A$,

symmetrisch: $x \approx y$ impliziert $y \approx x$ und

transitiv: $x \approx y$ und $y \approx z$ implizieren $x \approx z$.

Wir nennen zwei Mengen *disjunkt*, wenn sie kein Element gemeinsam haben. Die *Äquivalenzklassen* $(x/\approx):=\left\{ y \in A \mid y \approx x \right\}$, $x \in A$, sind entweder gleich oder disjunkt und sind nicht leer, da $x \in x/\approx$ gilt. Die Menge der Äquivalenzklassen von A ist $A/\approx:=\left\{ x/\approx \mid x \in A \right\}$.

Eine *Funktion* oder *Abbildung* f ist eine Relation von X nach Y, so daß zu jedem $x \in X$ ein eindeutig bestimmtes $y \in Y$ existiert mit $(x,y) \in f$. Wir schreiben dann $y = f(x)$ und für die Funktion $f : X \to Y$.

Funktionen $f : A^n \to A$ heißen (*n-stellige*) *Operationen* auf der Menge A.

Zum Beispiel hat die Boolesche Algebra $2 = \{0,1\}$ zwei zweistellige Operationen $x \vee y$ und $x \wedge y$ und eine einstellige Operation x'.

Oft nennt man auch Konstanten $a \in A$ nullstellige Operationen.

Wichtige Funktionen sind die *Identität* $\mathrm{id} : X \to X$ mit $\mathrm{id}(x) := x$ für alle $x \in X$, die *Einbettung* oder *Inklusion* $i : A \to X$ für $A \subseteq X$ mit $i(x) := x$ für $x \in A$, die *i-te Projektion* $\mathrm{pr}_i : \Pi A_i \to A_i$ auf den i-ten Faktor eines Produktes mit $\mathrm{pr}_i(a_1, \ldots, a_i, \ldots, a_n) := a_i$, die *kanonische Abbildung* $\kappa = \kappa_\approx : A \to (A/\approx)$ für eine Äquivalenzrelation $\approx$ auf A mit $\kappa(x) := x/\approx$ und die *charakteristische Abbildung* $x_A : X \to 2$ für eine Teilmenge A der Menge X mit $x_A(x) := 0 \in 2$ für $x \in A'$ und $x_A(x) := 1 \in 2$ für $x \in A$.

Wir nennen eine Abbildung $* : X \to X$ *involutorisch* falls $** = \mathrm{id}$ gilt. Die Abbildung ' auf 2 oder auf einer Potenzmenge $\mathbb{P}(X)$ ist involutorisch.

Die Hintereinanderausführung von Funktionen nennen wir *Komposition*: $f \circ g : X \to Z$ ist für die Funktionen $g : X \to Y$ und $f : Y \to Z$ erklärt durch $f \circ g(x) := f(g(x))$.

Eine Abbildung $f : X \to Y$ mit:
$$x = y \longleftrightarrow f(x) = f(y) \text{ für } x,y \in X,$$
heißt *injektiv*. Eine *surjektive* Abbildung $f : X \to Y$ ist eine Abbildung, für die
$$\text{zu jedem } y \in Y \text{ ein } x \in X \text{ existiert mit } y = f(x).$$
Eine *bijektive* Abbildung ist injektiv und surjektiv.

Jede Funktion $f:X\to Y$ bestimmt auf X eine Äquivalenz-relation $\approx$ durch:

$x\approx z$ für $x,z\in X$ falls $f(x)=f(z)$ gilt.

Sei $g:(X/\approx)\to Y$ definiert durch $g(x/\approx):=f(x)$. Dies ist eine injektive Abbildung von $X/\approx$ nach Y und es gilt $f=g\circ\kappa$ für die surjektive kanonische Abbildung $\kappa=\kappa_\approx:X\to(X/\approx)$. Jede Abbildung ist also die Komposition einer surjektiven mit einer injektiven Abbildung.

Das Inverse f^{-1} einer bijektiven Abbildung ist wieder eine bijektive Abbildung und es gilt $f\circ f^{-1}=$ id und $f^{-1}\circ f=$ id.

2 VOLLSTÄNDIGE INDUKTION

Bei einem Gedankenexperiment im $\mathbb{R}^3$ seien vom Nullpunkt aus auf der xy-Ebene in gerader Richtung g
abzählbar viele Dominosteine der Höhe h im Abstand c,
(0<c<h) voneinander aufgestellt. Die Zahl c sei so
gewählt, daß der vor dem Dominostein b stehende
Dominostein a beim Umfallen in Richtung g den
Dominostein b umwirft. Die eintretende Kettenreaktion
beim Umfallen des Dominosteins im Nullpunkt in
Richtung g faßt man mathematisch zusammen im:

__Prinzip der vollständigen Induktion__: *Es sei A(n) eine*
   für alle natürlichen Zahlen n∈ℕ sinnvolle Aussage.
   Wenn
   (i)   A(1) gilt und
   (ii) für alle k∈ℕ aus der Gültigkeit von A(k)
       folgt, daß A(k+1) gilt,
   dann gilt A(n) für alle n∈ℕ.

Wir können dieses Prinzip mengentheoretisch auch so
formulieren:
   Sei K⊆ℕ und gilt
   (i)   1∈K und
   (ii) k∈K impliziert k+1∈K,
   so gilt K=ℕ.

Vom Beweistechnischen her besagt dies: Um eine Aussage A(n) über natürliche Zahlen n zu beweisen,
beginnt man damit, den Induktionsanfang A(1) zu beweisen. Dann zeigt man allgemein, daß unter der
Annahme: A(k) ist richtig, ein Beweis für A(k+1)
geführt werden kann.

A(k) nennt man die Induktionsannahme, die Beweisführung der Aussage „A(k) impliziert A(k+1)" den
Induktionsschluß.

<u>Dirichletsches Schubfachprinzip</u>: *Seien $n, m \in \mathbb{N}$ und $n < m$.
Verteilt man m Kugeln auf die n Schubfächer eines
Schrankes, so enthält mindestens ein Schubfach mehr
als eine Kugel.*

<u>Beweis</u>: (i) Die Behauptung des Satzes gilt für k=1,
da $m \geq 2$ Kugeln in das eine vorhandene Schubfach kommen.
(ii) Sei die Behauptung für $k \geq 1$ schon bewiesen und
$m > k+1$ Kugeln auf die k+1 Schubfächer eines Schrankes
verteilt. Wir greifen eines der Schubfächer s her-
aus. Liegen in s selbst schon mehr als eine Kugel, so
gilt die Aussage des Satzes. Liegt in s keine Kugel,
so verteilen sich die $m > k$ Kugeln auf k Schubfächer.
Liegt in s genau eine Kugel, so verbleiben für die
restlichen k Schubfächer $m-1 > k$ Kugeln. In beiden
Fällen liegen nach Induktionsvoraussetzung in einem
dieser Schubfächer mehr als eine Kugel.
     Nach dem Prinzip der vollständigen Induktion gilt
der Satz für jedes $n \in \mathbb{N}$, und somit allgemein.

     Man verwendet oft Induktionsprinzipien mit ver-
schobenem Anfangswert A(c) für ein $c \in \mathbb{Z}$ und dem
Induktionsschluß: A(k) impliziert A(k+1) für alle
$k \geq c$ mit $k \in \mathbb{Z}$ und hat dann, daß A(n) gilt für alle A(n)
mit $n \geq c$ und $n \in \mathbb{Z}$. Im folgenden Beispiel verwenden wir
ein Induktionsprinzip der Form:
     Sei A(n) eine sinnvolle Aussage für alle $n \in \mathbb{Z}$ mit
$n \geq c$. Wir nehmen an:

(i)   Die Aussage $A(c)$ gilt.

(ii) Aus der Gültigkeit der Aussagen $A(i)$ mit $c \leq i \leq k$
     folgt die Gültigkeit der Aussage $A(k+1)$.

Dann gilt $A(n)$ für alle $n \in \mathbb{Z}$ mit $n \geq c$.

Wir schreiben $|M|$ für die Anzahl der Elemente,
(Mächtigkeit), einer endlichen Menge M.

Sei $G=(E,K)$ ein endlicher Graph. Ein Graph $H=(D,L)$
mit $D \subseteq E$ und $L \subseteq K$ heißt *Teilgraph* von G. Ein *Wald* ist
ein endlicher Graph G, bei dem durch Wegnahme irgend-
einer Kante die Anzahl r der zusammenhängenden Teilgraphen von G um 1 erhöht wird.

Als <u>Übung</u> zeigen wir für einen Wald $G=(E,K)$ mit
genau r zusammenhängenden Teilgraphen induktiv die
Formel:

$$r + |K| = |E|. \tag{2.1}$$

Als Induktionsanfang betrachten wir den Wald
$G=(\{a\},\emptyset)$ mit einer Ecke a und keiner Kante. Der
Graph ist zusammenhängend, es gilt also $r=1$. Es ist
$r+|K|=1+|\emptyset|=1=|\{a\}|=|E|$. Sei die Formel (2.1) richtig
für alle Wälder mit einer Kantenzahl $\leq n$ und sei
$G=(E,K)$ ein Wald mit $|K|=n+1$. Es seien $H_1,\ldots,H_r$ die
zusammenhängenden Teilgraphen von G. Sei $k=\{a,b\} \in K$.
Die Kante k liege in H_i. Da der zusammenhängende
Teilgraph H_i von G selbst ein Wald ist, zerfällt er
bei Wegnahme von k in zwei zusammenhängende Teilgraphen (E_1,K_1) und (E_2,K_2), die ihrerseits wieder
Wälder sind. Es ist nach Induktionsvoraussetzung
$1+|K_i|=|E_i|$ für $i=1,2$. Da $H_i=(E_1 \cup E_2, K_1 \cup K_2 \cup \{k\}):=$
(E_0,K_0) gilt, haben wir für H_i die Formel (2.1) mit
$$1+|K_0|=1+|K_1|+|K_2|+1=|E_1|+|E_2|=|E_0|.$$
Jedes H_k mit $k \neq i$ hat weniger als $n+1$ Kanten und ist

ein zusammenhängender Wald mit r=1. Nach Induktionsvoraussetzung gilt die Formel (2.1) für H_k mit r=1.
Durch Addition der r Formeln (2.1) für die Graphen
$H_1,\ldots,H_r$ erhält man für G die Formel $r+|K|=|E|$.

Die vollständige Induktion verwendet man auch bei
rekursiven Definitionen. Zum Beispiel definiert man
die *Fibonaccifolge* $a_o,a_1,\ldots,a_n,a_{n+1},\ldots$ durch die
Rekursionsformel: $a_{n+1}:=a_n+a_{n-1}$, $n\in\mathbb{N}$, $n\geq1$ mit den
Anfangswerten $a_o:=0$ und $a_1:=1$. Im Anhang ist ein Pascalprogramm „CFIBONAC" zu finden.

Wir definieren rekursiv das Produkt n-*Fakultät*, n!,
der natürlichen Zahlen von 1 bis n durch $0!:=1$ und
$n!:=(n-1)!\cdot n$

Für eine Folge $(a_i)_{i\in\mathbb{N}}$ definieren wir rekursiv:

$$\Sigma_{i=1}^1 a_i:=a_1 \quad\text{und}\quad \Sigma_{i=1}^n a_i:=\Sigma_{i=1}^{n-1}a_i+a_n \qquad\qquad (2.2)$$

$$\Pi_{i=1}^1 a_i:=a_1 \quad\text{und}\quad \Pi_{i=1}^n a_i:=\Pi_{i=1}^{n-1}a_i\cdot a_n \qquad\qquad (2.3)$$

für $n\in\mathbb{N}$. Man nennt (2.2) die Summen- oder Σ-Schreib-
weise und (2.3) die Produkt oder Π-Schreibweise. Sie
erspart die drei Punkte in $a_1+a_2+\ldots+a_n$ oder
$a_1\cdot a_2\cdot\ldots\cdot a_n$. Es ist $\Sigma_{i=k}^n a_i=a_k+\ldots+a_n$ und
$\Pi_{i=k}^n a_i=a_k\cdot\ldots\cdot a_n$ für $k\leq n$.

Im *Pascalschen Dreieck* (Bild 2.1) ist die Rekursionsformel der *Binomialkoeffizienten*

$$\left[\begin{array}{c}n\\0\end{array}\right]:=1,\quad \left[\begin{array}{c}n\\n\end{array}\right]:=1,\quad \left[\begin{array}{c}n+1\\k+1\end{array}\right]:=\left[\begin{array}{c}n\\k\end{array}\right]+\left[\begin{array}{c}n\\k+1\end{array}\right]$$

für $0\leq k<n$ dargestellt, die als Koeffizienten von
$a^{n-i}b^i$ im *Binomischen Satz* auftreten:

$$(a+b)^n = \sum_{i=0}^{n} \left[\begin{array}{c} n \\ i \end{array} \right] a^{n-i} b^i .$$

$$
\begin{array}{ccccccccccccc}
 & & & & & & 1 & & & & & & \\
 & & & & & 1 & & 1 & & & & & \\
 & & & & 1 & & 2 & & 1 & & & & \\
 & & & 1 & & 3 & & 3 & & 1 & & & \\
 & & 1 & & 4 & & 6 & & 4 & & 1 & & \\
 & 1 & & 5 & & 10 & & 10 & & 5 & & 1 & \\
1 & & 6 & & 15 & & 20 & & 15 & & 6 & & 1 \\
\end{array}
$$

$$\cdots$$

$$\left[\begin{array}{c} n \\ 0 \end{array} \right] \; \left[\begin{array}{c} n \\ 1 \end{array} \right] \cdots \left[\begin{array}{c} n \\ k \end{array} \right] \; \left[\begin{array}{c} n \\ k+1 \end{array} \right] \cdots \left[\begin{array}{c} n \\ n-1 \end{array} \right] \; \left[\begin{array}{c} n \\ n \end{array} \right]$$

$$\left[\begin{array}{c} n+1 \\ 0 \end{array} \right] \; \left[\begin{array}{c} n+1 \\ 1 \end{array} \right] \cdots \cdots \left[\begin{array}{c} n+1 \\ k+1 \end{array} \right] \cdots \cdots \cdots \left[\begin{array}{c} n+1 \\ n \end{array} \right] \; \left[\begin{array}{c} n+1 \\ n+1 \end{array} \right]$$

Bild 2.1

Aus dem Binomischen Satz leitet man die *Bernoullische Ungleichung* ab:

$$(1+a)^n \geq 1 + n \cdot a \quad \text{für } a > -1 .$$

Die einfachen Induktionsbeweise überlassen wir dem
Leser. Einige weitere, wichtige Formeln sind:

$$\sum_{i=1}^{n} 1 = n, \quad \sum_{i=1}^{n} i = n \cdot (n+1)/2 ,$$

$$\Sigma^n_{i=1} i^2 = n \cdot (n+1) \cdot (2n+1)/6,$$

$$\Sigma^n_{i=0} r^i = (1-r^{n+1})/(1-r),$$

für $a_i \in \mathbb{R}$ mit $a_i > 0$ das *harmonische Mittel*

$$n/(\Sigma^n_{i=1} \frac{1}{a_i}),$$

für $a_i \in \mathbb{R}$ mit $a_i \geq 0$ das *geometrische Mittel*

$$(\Pi^n_{i=1} a_i)^{\frac{1}{n}}$$

und das *arithmetische Mittel*

$$\Sigma^n_{i=1} a_i/n.$$

Es gilt $n/(\Sigma^n_{i=1} \frac{1}{a_i}) \leq (\Pi^n_{i=1} a_i)^{\frac{1}{n}} \leq \Sigma^n_{i=1} a_i/n.$

3 TEILER UND RESTE

Für Zahlen $a \in \mathbb{Z}$ und $d \in \mathbb{N}$ sagen wir, d *teilt* a, $d \mid a$ oder d ist ein *Teiler* von a, falls $a = q \cdot d$ für ein $q \in \mathbb{Z}$ gilt. Die Zahl $1 \neq p \in \mathbb{N}$ heißt *Primzahl* falls p nur die Teiler 1 und p besitzt. Für $a, b \in \mathbb{Z}$, $b \neq 0$, heißt $d \in \mathbb{N}$ der *größte gemeinsame Teiler* von a und b, *ggT(a,b)*=d, falls $d \mid a$, $d \mid b$ gilt und für jede Zahl $f \in \mathbb{N}$ mit $f \mid a, f \mid b$ gilt $f \mid d$. Im Anhang sind Pascalprogramme „GGTEILER" und „PRIMZAHL" zu finden. Der Divisionsalgorithmus besagt, daß es Zahlen $q, r \in \mathbb{Z}$ gibt mit $a = q \cdot b + r$ und $0 \leq r < \mid b \mid$. Die Zahl r heißt (Divisions-)*Rest*. Man benutzt diese, induktiv zu beweisende Aussage, um im Euklidischen Algorithmus den größten gemeinsamen Teiler ggT(a,b) der Zahlen a,b zu bestimmen. Wir präzisieren zuerst den Begriff „Algorithmus".

Algorithmen werden besonders auf ihre Verwertbarkeit zu Berechnungen auf dem Computer hin untersucht. Ein *Algorithmus* hat als Input und als Output endliche Datenmengen. Er löst ein vorgegebenes Problem mittels endlich vieler präzise formulierter Regeln, die man zum Beispiel in einem Computerprogramm ausführen kann. Die Regeln sollen effektiv sein und die Berechnung des Outputs aus den Input-Daten soll immer nach endlich vielen Schritten abbrechen. Gibt es mehrere Algorithmen für dasselbe Problem, so vergleicht man sie bezüglich ihrer Güte, -man berechnet zum Beispiel wieviel Rechenzeit oder Speicherplatz die Algorithmen als Computerprogramm brauchen.

<u>**Euklidischer Algorithmus**</u>: *Setze* $r_o := a$ *und* $r_1 := b$. *Bestimme für* $i \geq 1$ *rekursiv die Zahlen* $r_{i-1}, r_i, q_i \in \mathbb{Z}$ *mit*

$$(i) \quad r_{i-1} = q_i \cdot r_i + r_{i+1}, \qquad 0 \le r_{i+1} < |r_i|.$$

Es existiert ein kleinstes $m \in \mathbb{N}$ mit $r_{m+1} = 0$ und es ist $ggT(a,b) = r_m$.

<u>Beweis</u>: Nach dem Divisionsalgorithmus existieren die Zahlen q_i, r_{i+1} von (i) für $i \ge 1$. Da es nur endlich viele verschiedene Zahlen r_i mit

$$0 \le \ldots \le r_{n+1} < r_n < \ldots < r_2 < |r_1|$$

gibt, wird für ein kleinstes $m \ge 2$ der Rest $r_{m+1} = 0$. Es gilt dann $r_m | r_{m-1}$ und $r_m | r_{m-2}$. Sei schon bewiesen, daß $r_m | r_{i+2}$ und $r_m | r_{i+1}$ gilt. Wegen $r_i = q_{i+1} \cdot r_{i+1} + r_{i+2}$ gilt dann auch $r_m | r_{i+1}$ und $r_m | r_i$. Also gilt $r_m | b$ und $r_m | a$. Sei $f \in \mathbb{N}$ mit $f | a$ und $f | b$ und sei schon bewiesen, daß $f | r_i$ und $f | r_{i+1}$ gilt. Wegen $r_{i+2} = r_i - q_{i+1} \cdot r_{i+1}$ gilt $f | r_{i+1}$ und $f | r_{i+2}$. Somit gilt $f | r_m$ und r_m ist der größte gemeinsame Teiler von a und b.

Der Euklidische Algorithmus hat als Input zwei Zahlen a,b und als Output die Zahl ggT(a,b). Die rekursive Berechnung des ggT(a,b) über die Gleichung $r_{i-1} = q_i \cdot r_i + r_{i+1}$ kann von einem Computer ausgeführt werden.

<u>SATZ 3.1</u>: *Es seien $a,b \in \mathbb{Z}$, $b \ne 0$ und $d = ggT(a,b)$. Dann existieren Zahlen $s,t \in \mathbb{Z}$ mit $a \cdot s + b \cdot t = d$.*

<u>Beweis</u>: Sei $M := \{a \cdot u + b \cdot v \mid u,v \in \mathbb{Z}\}$. Die Menge $K := M \cap \mathbb{N}$ enthält ein kleinstes Element $c := a \cdot s + b \cdot t$. Nach dem Divisionsalgorithmus ist $a = q \cdot c + x$ und $b = p \cdot c + y$ mit $0 \le x, y < c$ und $q, p \in \mathbb{Z}$. Da x und y, als Differenz von

Elementen aus M, zu M gehören und c minimal in K ist, gilt x=0=y. Somit teilt c die Zahlen a und b. Es ist c=ggT(a,b), da $f|a$ und $f|b$ für $f\in\mathbb{N}$ impliziert $f|(a\cdot s+b\cdot t)$.

Ist ggT(a,b)=1, so sagen wir, a und b sind *teilerfremd*. Primzahlen sind Teiler von oder teilerfremd zu jedem $a\in\mathbb{Z}$. Mit Hilfe von Satz 3.1 kann man zeigen, daß jede Zahl $1\neq n\in\mathbb{N}$ bis auf Anordnung der Faktoren eindeutig als ein Produkt von Primzahlen geschrieben werden kann.

Die *Eulersche φ-Funktion* $\varphi(n)$ zählt für $n\in\mathbb{N}$ die Anzahl der kleineren und zu n teilerfremden Zahlen aus $\mathbb{N}$:

$$\varphi(n):=\left|\left\{m\in\mathbb{N}\mid 1\leq m\leq n,\ ggT(m,n)=1\right\}\right|.$$

Es ist $\varphi(1)=1$ und für eine Primzahl p ist $\varphi(p)=p-1$. Ein Pascalprogramm „EULERPHI" ist im Anhang zu finden.

<u>SATZ 3.2</u>: *Seien $k,n\in\mathbb{N}$ mit $1\leq k<n$ und ggT(k,n)=1. Dann gilt $n|(k^{\varphi(n)}-1)$.*

<u>Beweis</u>: Wir numerieren zuerst die zu n teilerfremden kleineren Zahlen durch, $M=\{m_1,\ldots,m_{\varphi(n)}\}:=$ $\{m\in\mathbb{N}\mid 1\leq m<n,\ ggT(m,n)=1\}$. Die Zahlen $q_i,r_i\in\mathbb{Z}$ bestimmen wir nach dem Divisionsalgorithmus aus

$$k\cdot m_i=q_i\cdot n+r_i \quad\text{mit } 0\leq r_i<n. \qquad (3.1)$$

Es ist $ggT(r_i,n)=1$. Da wir $\varphi(n)$ verschiedene Reste r_i haben, gilt $M=\{r_1,\ldots,r_{\varphi(n)}\}$. Es ist $t:=\Pi_{i=1}^{\varphi(n)}r_i=$ $\Pi_{i=1}^{\varphi(n)}m_i$. Schreibt man (3.1) in der Form $r_i=k\cdot m_i-q_i\cdot n$ und bildet man das Produkt dieser Gleichungen für

$1 \leq i \leq \varphi(n)$, so sieht man, daß n die Zahl $t - k^{\varphi(n)} \cdot t$ teilt. Da $ggT(t,n) = 1$ gilt, teilt n die Zahl $k^{\varphi(n)} - 1$.

Polynome sind Ausdrücke der Form $p(x) := \sum_{i=0}^{n} a_i x^i$ in der Unbestimmten x und mit den Koeffizienten $a_i \in \mathbb{R}$ und mit $a_n \neq 0$ für $n \geq 1$. Die Zahl n heißt der **Grad** von $p(x)$.

Sei $m \wedge n$ die kleinere der beiden Zahlen $m, n \in \mathbb{N}_o$. Man addiert und multipliziert $p(x)$ und $q(x) = \sum_{i=0}^{m} b_i x^i$ mit $m \leq n$ nach den Regeln $p(x) + q(x) := \sum_{i=0}^{m} (a_i + b_i) x^i + \sum_{i=m+1}^{n} a_i x^i$ und $p(x) \cdot q(x) := \sum_{k=0}^{n+m} c_k x^k$, wobei $c_k := \sum \{ a_i b_{k-i} \mid 0 \leq i \leq k \wedge n, \ k-i \leq m \}$ die Summe der $a_i b_{k-i}$ mit $0 \leq i \leq (k \wedge n)$ und $k-i \leq m$ ist.

In der folgenden Tafel schreiben wir in der ersten Spalte [Zeile] die Koeffizienten a_i [b_j] von $p(x)$ [$q(x)$]. Im Kästchen der i-ten Zeile und j-ten Spalte der Tafel steht das Element $a_i b_j$. Für festes k erhält man c_k, indem man die von rechts oben nach links unten gehenden Diagonalen verfolgt und deren Kästchenelemente aufsummiert; es ist $c_k = \sum_{i=0}^{k} a_i b_{k-i}$ für $k \leq m \wedge n$.

	b_0	b_1	b_2	....	b_{k-i}	....	b_k	....	b_m
a_0	$a_0 b_0$	$a_0 b_1$	$a_0 b_2$	...	$a_0 b_{k-i}$	....	$a_0 b_k$	...	$a_0 b_m$
a_1	$a_1 b_0$	$a_1 b_1$	$a_1 b_2$	...	$a_1 b_{k-i}$	....	$a_1 b_k$	...	$a_1 b_m$
a_2	$a_2 b_0$	$a_2 b_1$	$a_2 b_2$	...	$a_2 b_{k-i}$	.	$a_2 b_k$	...	$a_2 b_m$
$\vdots$	$\vdots$	$\vdots$	$\vdots$		$\vdots$		$\vdots$		$\vdots$
a_i	$a_i b_0$	$a_i b_1$	$a_i b_2$	...	$a_i b_{k-i}$	....	$a_i b_k$	...	$a_i b_m$
$\vdots$	$\vdots$	$\vdots$	$\vdots$		$\vdots$		$\vdots$		$\vdots$
a_k	$a_k b_0$	$a_k b_1$	$a_k b_2$	...	$a_k b_{k-i}$	....	$a_k b_k$	...	$a_k b_m$
$\vdots$	$\vdots$	$\vdots$	$\vdots$		$\vdots$		$\vdots$		$\vdots$
a_n	$a_n b_0$	$a_n b_1$	$a_n b_2$	...	$a_n b_{k-i}$	....	$a_n b_k$	...	$a_n b_m$

Einen Euklidischen Algorithmus kann man für Polynome zeigen, wenn man den folgenden Divisionsalgorithmus benutzt:

Seien $p_1(x)$, $p_2(x)$ Polynome mit $0 < \mathrm{Grad}\, p_2(x) \leq \mathrm{Grad}\, p_1(x)$. Dann existieren Polynome $q(x)$ und $r(x)$ mit $p_1(x) = q(x) \cdot p_2(x) + r(x)$ und $0 \leq \mathrm{Grad}\, r(x) < \mathrm{Grad}\, p_2(x)$.

Schreiben wir p_i für $p_i(x)$, so folgt aus dem Divisionsalgorithmus, daß ein Polynom $r(x) = \mathrm{ggT}(p_1, p_2)$, ein größter gemeinsamer Teiler der Polynome p_1 und p_2, existiert. Ist $\mathrm{ggT}(p_1, p_2)$ eine Konstante $\neq 0$, die x nicht enthält, so sagen wir p_1 und p_2 sind *teilerfremd*. Eine Produktzerlegung eines Polynoms $p(x)$ in „lineare" Faktoren der Form $a \cdot x + b$, $a, b \in \mathbb{R}$ ist über $\mathbb{R}$ nicht immer möglich, wie das Beispiel $p(x) = x^2 + 1$ zeigt: Für kein $c \in \mathbb{R}$ gilt $c^2 + 1 = 0$.

Wir kehren zurück zu Zahlen $m \in \mathbb{N}$. Beim *Rechnen modulo m* ist m fest vorgegeben. Man rechnet nur mit den Resten von $n \in \mathbb{Z}$ bei Division durch m. Definiere für $a, b \in \mathbb{Z}$:
$$a \equiv b \bmod m \ , \quad \text{falls } m \mid (b - a).$$
Wir sagen für $a \equiv b$ auch, a ist *kongruent* b (*modulo* m). Die Relation $\equiv$ ist eine Äquivalenzrelation, die verträglich ist mit allen Operationen $+, -$ und $\cdot$:

$a \equiv b$ und $c \equiv d$ implizieren $a + c \equiv b + d$, $-a \equiv -b$ und $a \cdot c \equiv b \cdot d$. Wir können nun Satz 3.2 so formulieren:

$$k^{\varphi(n)} \equiv 1 \bmod n \quad \text{für } k, n \in \mathbb{N} \text{ mit } \mathrm{ggT}(k, n) = 1.$$

Ein Satz über Kongruenzen, den wir nicht beweisen, lautet: Die Kongruenz $a \cdot x \equiv b \bmod m$, $(a, x, b \in \mathbb{N}_o$, $0 \leq x < m)$, ist genau dann lösbar, wenn $\mathrm{ggT}(a, m) \mid b$.

Ist dies der Fall, so gibt es genau ggT(a,m)
verschiedene Lösungen x.

Das Rechnen mit Kongruenzen verwendet man bei
periodischen Vorgängen, wie Kalenderberechnungen oder
Uhren. Die *Stowasseruhr* hat nur einen Zeiger und m in
gleichen Winkelabständen auf einem Zifferblatt abge-
tragene Zahlen 0,1,2,...,(m-1).

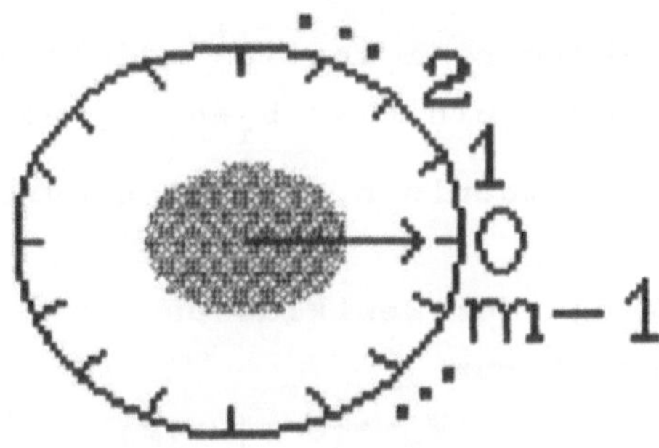

Bild 3.1

Ohne die Begriffe der sogenannten Funktionentheorie
hier einführen zu wollen, sei erwähnt, daß man das
Rechnen „modulo m" durch Rechnen mit der imaginären
Zahl i mit $i^2+1=0$ und der komplexen Exponentialfunk-
tion $e^{2\pi i k/m}:=\cos(2\pi k/m)+i\cdot\sin(2\pi k/m)$ demonstrieren
kann, die auf dem Einheitskreis in der Gaußschen
Zahlenebene $x+i\cdot y$, $x,y\in\mathbb{R}$, für $0\leq k<m$ die in Bild 3.1
angegebenen Werte annimmt.

An der Stowasseruhr kann man auch eine allgemeine
Teilbarkeitsregel, bei der nur die Ziffern einer Zahl
inspiziert werden, demonstrieren. Die Methode geht
auf B. Pascal zurück und ist nicht auf das Zehner-
system beschränkt. Man beachte, daß Addieren „modulo

m" bedeutet das Vor- oder Zurückdrehen des Zeigers der Stowasseruhr, wobei das Vordrehen des Zeigers um $0 \leq k < m$ gleichwertig mit dem Zurückdrehen des Zeigers um $m-k$ ist.

Man möchte durch Inspektion der Ziffern der Zahl $n \in \mathbb{N}$ herausfinden, ob die Zahl $m \in \mathbb{N}$ die Zahl n teilt.

Sei $n = a_r a_{r-1} \cdots a_1 a_0 = \sum_{i=0}^{r} a_i \cdot 10^i$ mit $0 \leq a_i \leq 9$ und $a_r \neq 0$ für $r \geq 1$ im Dezimalsystem gegeben. Man berechnet zuerst die Reste $r_i < m$ von 10^i modulo m. Für $a_i \cdot 10^i$ ergibt sich dann ein Rest $b_i \equiv a_i \cdot r_i$ modulo m. Ist die Summe $\sum_{i=0}^{r} b_i \equiv 0$ modulo m, so ist n durch m teilbar.

Für die Menge der Restklassen von $\mathbb{Z}$ modulo $m \in \mathbb{N}$, (m fest), schreibt man
$$\mathbb{Z}_m := \{ a/\equiv \ | \ a \in \mathbb{Z} \}$$
und addiert und multipliziert in $\mathbb{Z}_m$ so, daß für $a/\equiv, b/\equiv \in \mathbb{Z}_m$ gilt
$$a/\equiv + b/\equiv := (a+b)/\equiv \quad \text{und} \quad a/\equiv \cdot b/\equiv := (a \cdot b)/\equiv.$$
Mit Elementen $c \in \mathbb{Z}$ multipliziert man $a/\equiv \in \mathbb{Z}_m$ nach der Regel
$$c \cdot (a/\equiv) := (c \cdot a)/\equiv.$$

Auf einem Produkt
$$G := \mathbb{Z}_{m_1} \times \mathbb{Z}_{m_2} \times \ldots \times \mathbb{Z}_{m_r} \times \mathbb{Z}^n \tag{3.2}$$
mit $m_1, \ldots, m_r, n \in \mathbb{N}$ addiert man komponentenweise in den einzelnen Faktoren,
$$(x_1, \ldots, x_r, x_{r+1}, \ldots, x_{r+n}) + (y_1, \ldots, y_r, y_{r+1}, \ldots, y_{r+n}) :=$$
$$(x_1 + y_1, \ldots, x_r + y_r, x_{r+1} + y_{r+1}, \ldots, x_{r+n} + y_{r+n}) \tag{3.3}$$
und man multipliziert komponentenweise mit $c \in \mathbb{Z}$,
$$c \cdot (x_1, \ldots, x_r, x_{r+1}, \ldots, x_{r+n}) :=$$
$$(c \cdot x_1, \ldots, c \cdot x_r, c \cdot x_{r+1}, \ldots, c \cdot x_{r+n}). \tag{3.4}$$

In (3.5) benutzen wir die Σ-Schreibweise so, daß

wir in der Formel $\Sigma_{d\mid n}\ldots$ über die Teiler d von $n\in\mathbb{N}$ summieren. Wir beweisen für eine Funktion f: $\mathbb{N}\to G$ und

$$g(n) := \Sigma_{d\mid n} f(d) \qquad\qquad (3.5)$$

für $n\in\mathbb{N}$ die Moebiussche Umkehrformel. Wir benutzen dabei ohne Beweis, daß sich jede Zahl $n>1$ eindeutig als Produkt von Primzahlpotenzen

$$n = p_1^{n_1} \cdot \ldots \cdot p_r^{n_r}$$

mit $p_1 < \ldots < p_r$, p_i Primzahlen und $n_i \in \mathbb{N}$ schreiben läßt. Wir definieren $\rho(n) := r$ als die Anzahl der verschiedenen Primzahlen, die n teilen, und sagen, n ist *quadratfrei*, falls $n_1 = \ldots = n_r = 1$ gilt.
Die *Moebiussche Funktion* μ: $\mathbb{N}\to\mathbb{Z}$ ist definiert durch

(i) $\mu(n) := 0$ falls n nicht quadratfrei und

(ii) $\mu(n) := (-1)^r$ falls n quadratfrei und $\rho(n) = r$
   ist.

Für $n\in\mathbb{N}$ sei

$$\epsilon(n) := \Sigma_{d\mid n}\mu(d).$$

Es gilt

$$\epsilon(1) = 1 \text{ und } \epsilon(n) = 0 \text{ für } n>1. \qquad (3.6)$$

Der <u>Beweis</u>: Die Anzahl der quadratfreien Teiler d von $n>1$ mit $\rho(n) = r$ und $\rho(d) = i$ ist $\begin{bmatrix} r \\ i \end{bmatrix}$, also gilt

$\epsilon(n) = \sum_{i=0}^{r} \begin{bmatrix} r \\ i \end{bmatrix} (-1)^i = (1-1)^r = 0$ für $n>1$. Bei der zweiten Gleichheit wurde der Binomische Satz mit $a=1=-b$ verwendet.

Im folgenden Satz sei G nach (3.2) gewählt und mit der komponentenweisen Addition nach (3.3) und Skalarmultiplikation $c\cdot g$ für $c\in\mathbb{Z}$ und $g\in G$ nach (3.4) versehen.

Moebiussche Umkehrformel: *Seien f: $\mathbb{N} \to G$ und g: $\mathbb{N} \to G$.*

Die folgenden Aussagen sind äquivalent:

(i) $g(n) = \sum_{d \mid n} f(d)$ *für alle* $n \in \mathbb{N}$.

(ii) $f(n) = \sum_{d \mid n} \mu(n/d) \cdot g(d)$ *für alle* $n \in \mathbb{N}$.

Beweis: (i) impliziert (ii). Es ist

$$\sum_{d \mid n} \mu(n/d) \cdot g(d) = \sum_{d \mid n} \mu(n/d) \cdot \sum_{t \mid d} f(t) =$$

$$\sum_{e \mid n} \sum_{t \mid (n/e)} \mu(e) f(t) := (*),$$

wobei wir $e := n/d$ gesetzt haben. Wir ordnen die Summe
$(*)$ um und summieren für festes t zuerst die verschiedenen Koeffizienten $\mu(e)$ von $f(t)$ auf:

$$(**) := \sum_{e \mid (n/t)} \mu(e) f(t) = \varepsilon(n/t) \cdot f(t).$$

Nach (3.6) ist $(**) = f(n)$ für $t = n$ und $(**) = 0$ für $t \neq n$.
In der Summe $(*)$ haben wir dann noch über alle Teiler
t von n zu summieren und erhalten

$$(*) = \sum_{t \mid n} \left(\sum_{e \mid (n/t)} \mu(e) \right) f(t) = \sum_{t \mid n} \varepsilon(n/t) \cdot f(t) = f(n).$$

Unter der Annahme (i) gilt somit (ii).
(ii) impliziert (i). Wir führen die Rechnung ähnlich
wie im vorhergehenden Fall mit $e := d/t$ durch. Es ist

$$\sum_{d \mid n} f(d) = \sum_{d \mid n} \sum_{t \mid d} \mu(d/t) g(t) = \sum_{t \mid n} \left(\sum_{e \mid (n/t)} \mu(e) \right) g(t) =$$

$$\sum_{t \mid n} \varepsilon(n/t) g(t) = g(n),$$

wo wir beim ersten Gleichheitszeichen (ii) benutzt,
und hiermit (i) gezeigt haben.

4 KOMBINATORIK

In diesem Kapitel wird geschicktes Abzählen beim
Kombinieren, Aufteilen oder Permutieren beschrieben.
Einige Beispiel mögen dies erläutern.

<u>Beispiel 4.1</u>: Aus Münzen zu 50 Pfennig, 1 DM und 2 DM
sollen 2 DM zusammengestellt werden. Auf wieviele
Arten kann man dies tun?
-Man löst das Problem durch einfaches Abzählen der
Fälle. Eine weitere Methode wird nach Satz 4.6 ange-
geben.

<u>Beispiel 4.2</u>: Wieviele Worte mit drei verschiedenen
Buchstaben können aus dem Alphabet
$\{a,b,d,m,n,o,u,v\}$ gebildet werden?

Sei $M=\{m_1,\ldots,m_n\}$ eine n-elementige Menge. Eine
(k-)*Permutation* von M ist ein (geordnetes) k-Tupel
$m_{i_1} m_{i_2} \ldots m_{i_k}$ mit $J=\{i_1,\ldots,i_k\}\subseteq\{1,\ldots,n\}$, $|J|=k$. Für
k=n bleibt der Zusatz (n-) bei Permutationen weg.

<u>SATZ 4.3</u>: *Es gibt genau n!/(n-k)! k-Permutationen
von n Elementen. Insbesondere gibt es n! Permutationen von n Elementen.*

<u>Beweis</u>: Für das erste Element einer k-Permutation
$m_{i_1}\ldots m_{i_k}$ haben wir zur Auswahl n Möglichkeiten. Nach
Auswahl von $m_{i_1},\ldots,m_{i_r}$ haben wir für $m_{i_{r+1}}$ noch n-r
Möglichkeiten. Also haben wir für die k-Permutationen

selbst $n \cdot (n-1) \cdot \ldots \cdot (n-k+1) = n!/(n-k)!$ Möglichkeiten.

In Beispiel 4.2 erhält man somit $(8!/5!) = 336$ Worte.

Eine (endliche) *Partition* einer Menge X ist eine Teilmenge $\mathcal{A} = \{A_1, \ldots, A_k\} \subseteq \mathbb{P}(X)$ mit den Eigenschaften:

$A \neq \emptyset$ für all $A \in \mathcal{A}$, $\cup \mathcal{A} := A_1 \cup \ldots \cup A_k = X$ und

$A \cap B = \emptyset$ für alle $A, B \in \mathcal{A}$ mit $A \neq B$.

__Beispiel 4.4__: Sei M eine n-elementige Menge, $n_i \in \mathbb{N}$ für

$1 \leq i \leq r$ und $n = \sum_{i=1}^{r} n_i$. Wieviele geordnete Partitionen

$\mathcal{A} = (M_1, \ldots, M_r)$ mit $M_i \in \mathbb{P}(M)$ und $|M_i| = n_i$ gibt es?

Die gesuchte Anzahl c ist

$$n! / \prod_{i=1}^{r} (n_i!). \qquad (4.1)$$

Der __Beweis__:

(a) Für Binomialkoeffizienten gilt die Formel

$$\binom{n}{i} = \frac{n!}{i!(n-i)!} \quad , \qquad (4.2)$$

denn (4.2) ist richtig für alle n und $i=0$ oder $i=n$, da beide Seiten der Gleichung 1 sind. Für $n+1$ und $0 \leq i < n$ gilt die Rekursionsformel

$$\binom{n+1}{i+1} = \binom{n}{i} + \binom{n}{i+1}$$

und wir können induktiv annehmen, daß für die rechte Seite der Formel gilt

$$\binom{n+1}{i+1} = \frac{n!}{i!(n-i)!} + \frac{n!}{(i+1)!(n-i-1)!} \quad ,$$

Dies addiert sich rechts auf zu $\dfrac{(n+1)!}{(i+1)!(n-i)!}$,

womit die Formel (4.2) allgemein gezeigt ist.

(b) Beim Ausmultiplizieren von $(1+x)^n$ nach dem
Binomischen Satz zählt der Koeffizient $\begin{bmatrix} n \\ n_1 \end{bmatrix}$ von x^{n_1}

die Möglichkeiten, eine n_1-elementige Teilmenge $M_1 \subseteq M$
auszuwählen. Ist $r=1$, so gilt $c=1$ wie behauptet.
(c) Sei $r>1$ und seien die n_i-elementigen Teilmengen
$M_i \subseteq M$ für $1 \leq i \leq k < r$ schon ausgewählt und deren Anzahl zu

$$\begin{bmatrix} n \\ n_1 \end{bmatrix} \begin{bmatrix} n-n_1 \\ n_2 \end{bmatrix} \cdot \ldots \cdot \begin{bmatrix} n-n_1-\cdots-n_{k-1} \\ n_k \end{bmatrix} \text{ bestimmt. Es}$$

bleiben $n-n_1-\ldots-n_k$ Elemente übrig, aus denen n_{k+1}
ausgewählt werden. Nach (b) hat man hierzu

$$\begin{bmatrix} n-n_1-\cdots-n_k \\ n_{k+1} \end{bmatrix} \text{ Möglichkeiten. Induktiv ergibt sich}$$

die Zahl c mittels (a) zu

$$c = \begin{bmatrix} n \\ n_1 \end{bmatrix} \begin{bmatrix} n-n_1 \\ n_2 \end{bmatrix} \cdot \ldots \cdot \begin{bmatrix} n-n_1-\cdots-n_{r-2} \\ n_{r-1} \end{bmatrix} \begin{bmatrix} n_r \\ n_r \end{bmatrix} =$$

$$= \frac{n!}{n_1!\,(n-n_1)!} \cdot \frac{(n-n_1)!}{n_2!\,(n-n_1-n_2)!} \cdot \ldots \cdot (n-n_1-\ldots-n_{r-2})! \, / n_{r-1}!\,n_r!$$

$$= \frac{n!}{n_1!\,n_2!\cdot\ldots\cdot n_r!} \quad .$$

<u>SATZ 4.5</u>: *Die Anzahl der m-elementigen Teilmengen*

einer n-elementigen Menge ist $\dfrac{n!}{m!\,(n-m)!}$.

Dies ist ein Spezialfall von (4.1).

Zum Begriff der Partition sei nachgetragen, daß es für jede Menge X eine bijektive Abbildung f von der Menge $\mathcal{D}$ der Partitionen von X nach der Menge $\mathcal{E}$ der Äquivalenzrelationen auf X gibt: Für $\mathcal{A}\in\mathcal{D}$ definiert man $f(\mathcal{A})\in\mathcal{E}$ durch $xf(\mathcal{A})y$ für $x,y\in X$ falls $x,y\in A$ für ein $A\in\mathcal{A}$ gilt. Umgekehrt definiert man zu $(\equiv)\in\mathcal{E}$ die Menge der Äquivalenzklassen als $f^{-1}(\equiv)=\{x/\equiv\mid x\in X\}\in\mathcal{D}$.

Im Beweisteil (b) zu (4.2) haben wir das Polynom $\sum_{i=0}^{n}\begin{bmatrix}n\\i\end{bmatrix}x^{i}=(1+x)^{n}$ und die (Binomial-)Koeffi-

zienten von x^{i} verwendet, um die Anzahlfunktion α zu bestimmen, die angibt, auf wieviele Arten $\alpha(i)$ man i Elemente aus einer n-elementigen Menge auswählen kann. Diese Methode benutzt man oft in folgender Form: Einer Anzahlfunktion α mit $\alpha(m)\in\mathbb{R}$ für $m\in\mathbb{N}_{o}$ wird die *erzeugende Funktion*

$$\sum_{m=0}^{\infty}\alpha(m)x^{m}=\alpha(0)+\alpha(1)x+\ldots+\alpha(n)x^{n}+\alpha(n+1)x^{n+1}+\ldots \quad (4.3)$$

zugeordnet. Ist für eine Objektmenge M eine *Wahlfunktion* $v: M\rightarrow\mathbb{N}_{o}$ mit $a_{n}:=\left|\{m\in M\mid v(m)=n\}\right|$ gegeben, so ist $\sum_{n=0}^{\infty}a_{n}x^{n}$ die zugehörige erzeugende Funktion.

Die Reihen (4.3) heißen *Potenzreihen* (in der Unbestimmten x). In kombinatorisch einfachen Fällen bricht man Potenzreihen ab und kümmert sich deswegen kaum um sogenannte Konvergenzfragen. Man rechnet formal mit der Unbestimmten x. Zum Beispiel vereinfacht man die erzeugende Funktion $g(x)=\sum_{n=0}^{\infty}x^{n}$ zu $g(x)=1/(1-x)$, da mit $x\cdot g(x)=\sum_{n=1}^{\infty}x^{n}$ gilt $(1-x)\cdot g(x)=1$. Für $c\in\mathbb{R}$ hat die Anzahlfunktion $\beta(n)=c^{n}$ die erzeugende

Funktion $\dfrac{1}{(1-cx)} = \sum_{n=0}^{\infty} c^n x^n$. Für zwei erzeugende

Funktionen $g_1(x) = \sum_{n=0}^{\infty} a_n x^n$ und $g_2(x) = \sum_{n=0}^{\infty} b_n x^n$ ist

das Produkt $g_1(x) \cdot g_2(x)$ die erzeugende Funktion der Anzahlfunktion

$$c_n := \sum_{k=0}^{n} a_k b_{n-k} \quad . \tag{4.4}$$

__SATZ 4.6__: *Seien Objektmengen $M_1, M_2, \ldots, M_r$ mit Wahl-*
funktionen $v_1, v_2, \ldots, v_r$ gegeben. Auf der Produkt-
menge $M = \prod_{i=1}^{r} M_i$ sei die Wahlfunktion $v: M \to \mathbb{N}_o$ mit
$v(m_1, \ldots, m_r) := \sum_{i=1}^{r} v_i(m_i)$ definiert. Dann ist die
erzeugende Funktion von (M,v) das Produkt der
erzeugenden Funktionen von $(M_1, v_1), \ldots, (M_r, v_r)$.

Bevor wir diesen Satz beweisen, zeigen wir seine Anwendbarkeit auf Beispiel 4.1. Für die Möglichkeit, m Objekte aus einer gegebenen Menge auszuwählen, schreibt man sich die Potenz x^m auf und addiert für verschiedene Auswahlmöglichkeiten die zugehörigen x-Potenzen. Am Beispiel: Für 50 Pfennig-Stücke benutzt man als erzeugende Funktion die abgebrochene Potenzreihe $1 + x^{50} + x^{100} + x^{150} + x^{200}$, für 1 DM die erzeugende Funktion $1 + x^{100} + x^{200}$ und für 2 DM die erzeugende Funktion $1 + x^{200}$. Die gesuchte Anzahl im Beispiel 4.1 ergibt sich als Koeffizient a_{200} von x^{200} des ausmultiplizierten Produktes

$$(1+x^{50}+x^{100}+x^{150}+x^{200}) \cdot (1+x^{100}+x^{200}) \cdot (1+x^{200}).$$

Der <u>Beweis von Satz 4.6</u>: Für $r=1$ gilt die Aussage des Satzes trivialerweise. Wir beweisen nun die Aussage für $r=2$ und bemerken, daß dann induktiv folgt, die Behauptung des Satzes gilt allgemein. Seien $g_i(x)$ die erzeugenden Funktionen von (M_i, v_i) für $i=1,2$. Für die erzeugende Funktion $\sum_{n=0}^{\infty} d_n x^n$ von $(M_1 \times M_2, v)$ gilt:

$$d_n = |\{(m_1, m_2) \in M_1 \times M_2 \mid n = v(m_1, m_2) = v_1(m_1) + v_2(m_2)\}| =$$
$$\Sigma_{k=0}^{n} |\{(m_1, m_2) \in M_1 \times M_2 \mid v_1(m_1) = k, \ v_2(m_2) = n-k\}| =$$
$$\Sigma_{k=0}^{n} |\{m_1 \in M_1 \mid v_1(m_1) = k\}| \cdot |\{m_2 \in M_2 \mid v_2(m_2) = n-k\}| =$$
$$\Sigma_{k=0}^{n} a_k b_{n-k} = c_n \quad \text{für alle } n.$$

Die Koeffizienten c_n gehören jedoch nach (4.4) zu der erzeugenden Funktion $g_1(x) \cdot g_2(x)$, womit der Satz für $r=2$ bewiesen ist.

<u>Inklusion-Exklusions-Prinzip 4.7</u>: *Seien X eine Menge und $T_1, \ldots, T_n \in \mathbb{P}(X)$. Es gilt*

$$(i) \quad |T_1 \cup T_2 \cup \ldots \cup T_n| =$$
$$\sum_{r=1}^{n} (-1)^{r+1} \cdot \Sigma\{|T_{i_1} \cap T_{i_2} \cap \ldots \cap T_{i_r}| \mid 1 \leq i_1 < i_2 < \ldots < i_r \leq n\}$$
$$= \Sigma_{i=1}^{n} |T_i| - \Sigma\{|T_{i_1} \cap T_{i_2}| \mid 1 \leq i_1 < i_2 \leq n\} \pm \ldots \quad .$$

Ist $|T_{i_1} \cap \ldots \cap T_{i_r}| = m_r$ konstant für jedes r, so vereinfacht sich die Formel zu

$$|T_1 \cup T_2 \cup \ldots \cup T_n| = \sum_{r=1}^{n} \binom{n}{r} \cdot (-1)^{r+1} m_r \quad .$$

<u>Beweis</u>: Der Satz gilt für $n \leq 2$. Sei die Behauptung des

Satzes richtig für $n=k-1$. Wir nehmen an, daß $n=k$ gilt. Wir benutzen zuerst den Fall $n=2$ für T_k und $T:=T_1\cup\ldots\cup T_{k-1}$. Es ist

$$(ii)\quad |T\cup T_k|=|T|+|T_k|-|T\cap T_k|$$

Wir bemerken, daß auf den letzten Summand wegen $T\cap T_k=(T_1\cap T_k)\cup\ldots\cup(T_{k-1}\cap T_k)$ die Induktionsvoraussetzung zutrifft. Wir erhalten somit alle Terme $|T_{i_1}\cap\ldots\cap T_{i_r}|$ mit $r\geq 2$ und $i_r=k$ über den Summanden $|T\cap T_k|$ und zwar mit dem umgekehrten Vorzeichen wie im Satz. Da $|T\cap T_k|$ in (ii) mit dem negativen Vorzeichen versehen ist, stehen diese Terme auf der rechten Seite von (ii) mit demselben Vorzeichen wie im Satz. Der Summand $|T_k|$ ist ebenfalls auf der rechten Seite von (ii) mit dem richtigen Vorzeichen vorhanden und die restlichen Terme der rechten Seite von (i) ergeben sich induktiv aus $|T|=|T_1\cup\ldots\cup T_{k-1}|$.

Der *Satz von Ramsey* hat viele Versionen. Den einfachsten Fall haben wir in Kapitel 2 als Dirichletsches Schubfachprinzip bewiesen. Satz 4.11 ist eine graphentheoretische Version des Satzes von Ramsey. Wir machen uns für diesen Fall $m=2$ ein „Simplexmodell", das zum Verstehen des Problems dient. Allgemein kann man den Satz für r-elementige Teilmengen einer Menge E und für $m\in\mathbb{N}$ formulieren. Zuerst einige Definitionen:

Im $\mathbb{R}^{n+1}$ wählen wir für $0\leq i\leq n$ auf den x_i-Achsen die Einheitspunkte $e_i:=(0,\ldots,0,1,0,\ldots,0)$ mit der $(i+1)$-ten Komponente 1 und allen anderen Komponenten 0 aus.

Seien

$$E = E_{n+1} := \{e_o, \ldots, e_n\} \text{ und } E_I := \{e_i \mid i \in I\} \text{ für}$$
$$I \subseteq \{0, \ldots, n\}. \tag{4.5}$$

Für $|I| = r+1$ ist $\Delta(E_I)$ die *konvexe Hülle* von E_I,
$\Delta(E_I) :=$

$$\{x := (x_o, \ldots, x_n) \in \mathbb{R}^{n+1} \mid x_i = 0 \text{ für } i \notin I, 0 \leq x_i \leq 1, \Sigma_{i=0}^{n} x_i = 1\}.$$

Wir nennen $\Delta_n := \Delta(E)$ das (n-dimensionale) *Standard-simplex* und $\Delta(E_I)$ mit $|I| = r+1$ ein *r-Simplex* oder eine *Seite* von Δ_n. Die Elemente von E_I heißen *Ecken* von $\Delta(E_I)$. Für $D \subseteq E$ sei die Menge der zweielementigen Teilmengen $\mathbb{P}_1(D) \subseteq \mathbb{P}(D)$. Die Elemente von $\mathbb{P}_1(D)$ heißen die 1-Simplizes oder *Kanten* von $\Delta(D)$. $\{A_o, A_1\}$ sei eine Partition der Menge $\mathbb{P}_1(E)$. Wir färben alle 1-Simplizes aus A_o (A_1) blau (rot) und interessieren uns für Teile $D \subseteq E$ mit *monochromatischem*, einfarbigem

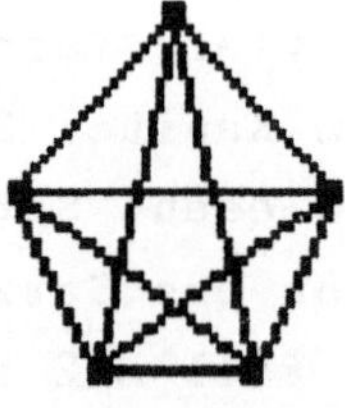

Bild 4.1

$\mathbb{P}_1(D) \subseteq A_i$. Es haben bei diesem Problem also alle 1-Simplizes von Δ_n mit Ecken in D dieselbe Farbe.

<u>Beispiel 4.8</u>: $E = \{e_o, \ldots, e_4\} \subseteq \mathbb{R}^5$ seien die Ecken von Bild 4.1. Es wird jede Kante aus $\mathbb{P}_1(E)$ blau oder rot gefärbt.

Zum Beispiel sei das „blaue Schubfach"

$$\mathcal{A}_o := \{\{e_o,e_1\},\{e_o,e_2\},\{e_o,e_3\},\{e_2,e_4\},\{e_3,e_4\}\}.$$

Für $D\subseteq E$ mit $|D|=2$ paßt jede Kante $\mathbb{P}_1(D)$ in das blaue oder rote Schubfach $\mathcal{A}_o$ oder $\mathcal{A}_1$. Für $|D|=3$ ist kein $\mathbb{P}_1(D)$ monochromatisch blau und nur das Kantendreieck $\mathbb{P}_1(\{e_1,e_2,e_3\})$ ist monochromatisch rot.

Die folgenden Hilfssätze benötigen wir in Satz 4.11.

__HILFSSATZ 4.9__: *Seien* $n\in\mathbb{N}$ *mit* $n\geq 5$, *die* $(n+1)$-*elementige Menge* $E=\{e_o,\ldots,e_n\}$ *und eine Partition* $\{\mathcal{A}_o,\mathcal{A}_1\}$ *von* $\mathbb{P}_1(E)$ *gegeben. Dann existieren* $k\in\{0,1\}$ *und ein* 2-*Simplex* $\Delta(D)$ *mit* $D\subseteq E$ *und monochromatischem* $\mathbb{P}_1(D)\subseteq\mathcal{A}_k$.

__Beweis__: Auf $\mathbb{P}_1(E_{n+1})$, $E_{n+1}=E$, erklären wir die Äquivalenzrelation

$$\{e_i,e_j\}\equiv\{e_s,e_t\}$$

falls $\{e_i,e_j\},\{e_s,e_t\}\in\mathcal{A}_k$ für ein $k\in\{0,1\}$ gilt. Auf E_n erklären wir die Äquivalenzrelation

$$e_i\equiv e_j \text{ falls } \{e_i,e_n\}\equiv\{e_j,e_n\} \text{ gilt.}$$

Entweder ist $\mathbb{P}_1(E_n)$ monochromatisch und der Hilfssatz gilt in diesem Fall oder es gibt zwei Äquivalenzklassen $A_k\subseteq E_n$ mit $e_i\in A_k$ falls $\{e_i,e_n\}\in\mathcal{A}_k$ für $k\in\{0,1\}$ gilt. Ohne Beschränkung der Allgemeinheit sei $|A_o|\geq |A_1|$, also $|A_o|\geq 3$. Es gibt die zwei Möglichkeiten:

(a) $\mathbb{P}_1(A_o)$ ist monochromatisch. Dann gilt der Hilfssatz für ein $D\subseteq A_o$ mit $|D|=3$.

(b) Es existiert in $\Delta(A_o)$ eine Kante $\{e_i,e_j\}\in\mathcal{A}_o$. Dann ist $\mathbb{P}_1(\{e_i,e_j,e_n\})$ monochromatisch und der Hilfssatz gilt für $D=\{e_i,e_j,e_n\}$.

__HILFSSATZ 4.10__: *Seien $s \geq 2$, $n+1 \geq 2^s$, die $(n+1)$-elementige Menge $E = \{e_o, \ldots, e_n\}$ und eine Partition $\{A_o, A_1\}$ von $\mathbb{P}_1(E)$ gegeben. Es gibt ein $(s-1)$-Simplex $\Delta(D)$ mit $D \subseteq E = E_{n+1}$, so daß für jedes $e_j \in D$ die Menge $\{\{e_i, e_j\} \in \mathbb{P}_1(D) \mid i < j\}$ monochromatisch ist.*

__Beweis__: Wir zeigen die Behauptung durch Induktion nach s. Sei $n+1 \geq 2^{s+1}$. Wir bestimmen die Klassen $A_k \subseteq E_n$ für $k = 0, 1$ wie in Hilfssatz 4.9. Es sei $|A_o| \geq 2^s$. Ist $\mathbb{P}_1(A_o)$ monochromatisch, so gilt der Hilfssatz. Andernfalls gibt es nach Induktionsvoraussetzung ein $(s-1)$-Simplex $\Delta(H)$ mit $H \subseteq A_o$, für das Hilfssatz 4.10 gilt. Dann gilt der Hilfssatz auch für das s-Simplex $\Delta(D)$ mit $D = H \cup \{e_n\} \subseteq E_{n+1}$.

__SATZ VON RAMSEY 4.11__: *Seien $q, n \in \mathbb{N}$ mit $n > 4^q$, die $(n+1)$-elementige Menge $E = \{e_o, \ldots, e_n\}$ und eine Partition $\{A_o, A_1\}$ von $\mathbb{P}_1(E)$ gegeben. Dann existieren $k \in \{0, 1\}$ und ein q-Simplex $\Delta_q(D)$ mit $D \subseteq E$ und monochromatischem $\mathbb{P}_1(D) \subseteq A_k$.*

__Beweis__: Die Behauptung ist für $q = 1$ trivial und für $q = 2$ in Hilfssatz 4.9 bewiesen worden. Sei $q \geq 3$ und $n > 4^q$. Es existiert nach Hilfssatz 4.10 ein $(2q-1)$-Simplex $\Delta(D)$ mit $D \subseteq E_{n+1}$, für das Hilfssatz 4.10 gilt. Sei i minimal mit $e_i \in D$. Ist $\mathbb{P}_1(D - \{e_i\})$ monochromatisch, so gilt Satz 4.11. Andernfalls erklären wir auf der Eckenmenge von $D - \{e_i\}$ für $k \in \{0, 1\}$ die Partition $B_k = \{e_j \in D \mid \{e_r, e_j\} \in A_k$ für $i < r < j\}$. Wir können ohne Beschränkung der Allgemeinheit $|B_o| = r \geq q$ annehmen. Dann gilt der Satz für ein q-Simplex $\Delta(D)$ mit $D \subseteq B_o \cup \{e_i\}$, da $\mathbb{P}_1(B_o \cup \{e_i\})$ monochromatisch ist.

5 GRAPHEN

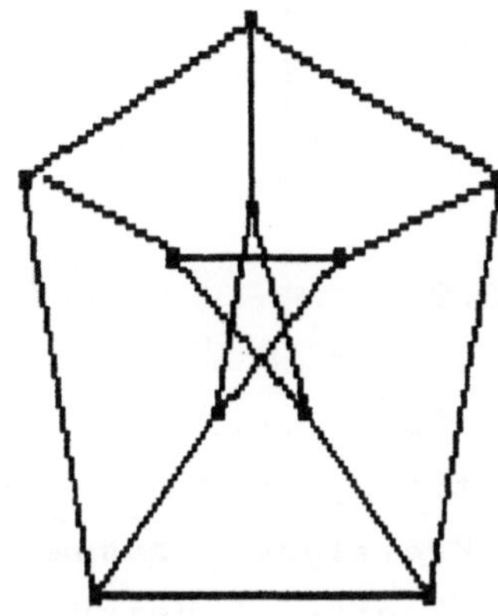

Bild 5.1

Der Graph in Bild 5.1 heißt *Petersengraph*.

Wir wiederholen einige Definitionen aus den vorhergehenden Kapiteln.

Ein (D-)Graph ist ein Paar G=(E,K) mit der Eckenmenge E und der Kantenmenge K. Kanten sind entweder Zweitupel $k=(e_1,e_2)$ oder zweielementige Mengen $k=\{e_1,e_2\}$ mit $e_1,e_2 \in E$. Jede Kante hat also zwei Ecken als Endpunkte.

Zwei Ecken sind benachbart, wenn sie durch eine Kante verbunden sind. Ein **Weg** w ist eine endliche Kantenfolge $k_1=(e_o,e_1),\ldots,k_i=(e_{i-1},e_i),k_{i+1}=(e_i,e_{i+1}),\ldots,k_n=(e_{n-1},e_n)$. Der Weg w verbindet e_o mit e_n. Der Graph G heißt **zusammenhängend**, wenn je zwei Ecken durch einen Weg in G verbunden werden können. **Planare** Graphen lassen sich in der Ebene ohne innere Kantenüberschneidungen zeichnen. Der Graph von Bild 5.2 ist planar. Man kann zeigen, daß der Graph von Bild 4.1 nicht planar ist.

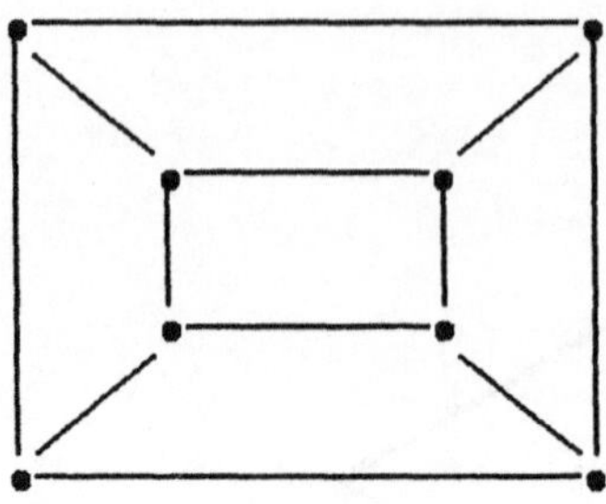

Bild 5.2

Ein *Kreis* in G ist ein Weg $k_1 = (e_o, e_1), \ldots,$
$k_n = (e_{n-1}, e_o)$ von e_o nach e_o mit $n \geq 3$ und $e_i \neq e_j$ für
$0 \leq i < j \leq n-1$. Ein *Baum* ist ein kreisloser, zusammenhängender Graph. Zur „Übung" in Kapitel 2 bemerken wir,
daß jeder Baum ein Wald ist und jeder Wald die
Vereinigung einer endlichen Anzahl disjunkter Bäume
ist. Ein Baum hat genau eine Ecke mehr als er Kanten
hat. Ein *Wurzel*- oder *Suchbaum* ist ein Baum mit einer
ausgezeichneten Ecke x_o, der *Wurzel* des Baumes.

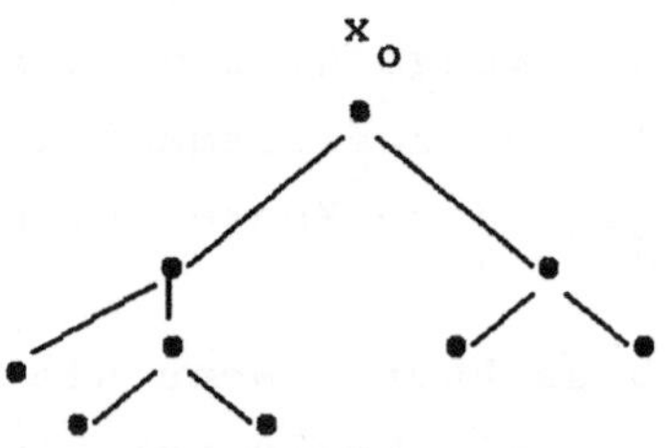

Bild 5.3

Suchbäume erleichtern das Auffinden von Daten, die
innerhalb einer großen Datenmenge auf einem Computer
gespeichert sind. Man fragt bei einer Recherche nur

ein Teil des Suchbaums nach Daten ab und spart dadurch Zeit. Wichtig sind *binäre* Suchbäume T (Bild
5.3), die bei einer festen planaren Darstellung an
jeder Ecke a eine der Möglichkeiten von Bild 5.4
realisieren.

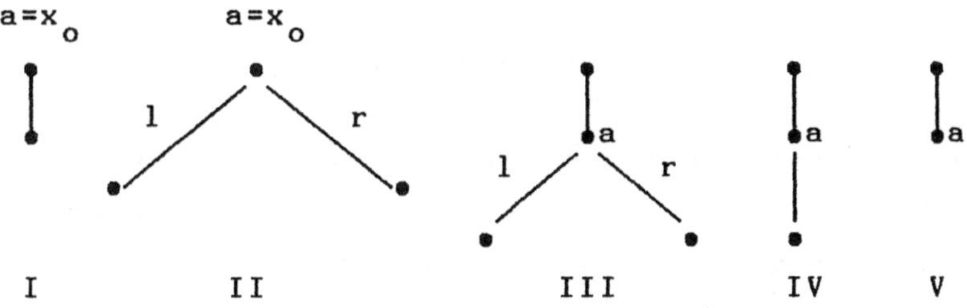

Bild 5.4

Man nennt in II den Teilgraph, der nach Wegnahme
der Kante r (l) die Ecke a enthält, den linken
(rechten) *Zweig* bei a. Ähnlich erklärt man für die
Ecke a in III den (nach unten von a ausgehenden)
linken und rechten Zweig.

Entspricht jeder Ecke von T ein Wort, so kann eine
Suchordnung für Worte so realisiert werden, daß alle
Worte des linken (rechten) Zweigs bei a vor (nach) a
kommen.

<u>Übung</u>: Man programmiere zwei Suchalgorithmen SZB
(suche zuerst breit) und SZT (suche zuerst tief),
welche die Ecken von Bild 5.3 ähnlich wie in Bild 5.5
und 5.6 angegeben durchnumerieren.

Bei SZB ist der Input ein Baum T mit der Wurzel x_0.
Der Output ist eine Durchnumerierung der Ecken von T,
bei der ausgehend von x_0 die Baumbreite zuerst durchnumeriert wird.

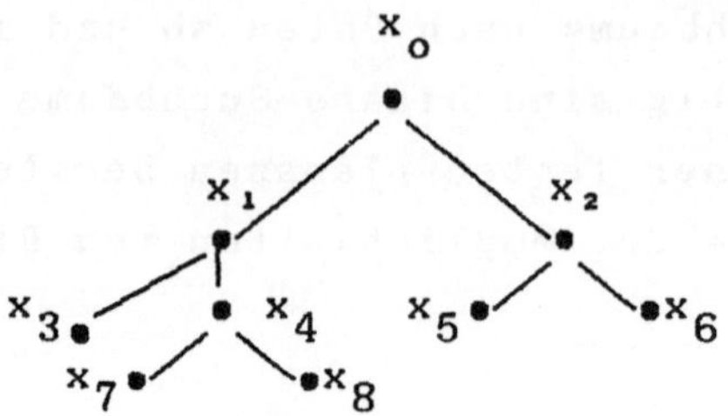

Bild 5.5

Bei SZT ist der Input ein Baum mit einer Wurzel x_o.
Der Output ist eine Durchnumerierung der Ecken von G,
bei der von x_o ausgehend die Baumtiefe zuerst durchnumeriert wird.

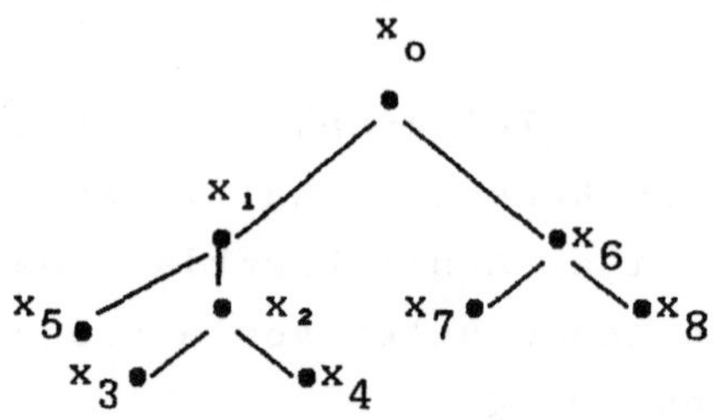

Bild 5.6

Bäume können als „Teilgraphen" nutzbringend für
Minimum- oder Maximum-Aufgaben eingesetzt werden:

Ein *Gerüst* eines zusammenhängenden Graphen G=(E,K)
ist ein Teilgraph H=(E,L), der als Graph ein Baum
ist. Ist auf G eine Kostenfunktion

$$w: K \to \mathbb{R}^+ := \{x \in \mathbb{R} \mid x \geq 0\}$$

gegeben und ist der Wert $\Sigma_{k \in L} w(k)$ minimal für Gerüste
von G, so heißt das Gerüst H selbst *minimal*.

__Kruskal-Algorithmus__: Man wähle ein $k_1 \in K$ mit minimalem $w(k_1)$ aus. Sei $K' = \{k_1, \ldots, k_r\} \subseteq K$ mit $k_i = (e_j, e_i)$, $j < i$ und $E' = \{e_o, \ldots, e_r\} \neq E$ schon so ausgewählt, daß (E', K') kreislos, zusammenhängend und $\sum_{i=1}^{r} w(k_i)$ minimal ist. Dann wähle man $k_{r+1} = (e_j, e_{r+1}) \in K-K'$, $j \leq r$ so aus, daß $(E' \cup \{e_{r+1}\}, K' \cup \{k_{r+1}\})$ kreislos, zusammenhängend und $w(k_{r+1})$ minimal ist. Man wiederhole das Verfahren für $E' := E' \cup \{e_{r+1}\}$ und $K' := K' \cup \{k_{r+1}\}$ bis es mit $E'=E$ abbricht.

Der Kruskalsche Algorithmus liefert ein minimales Gerüst von G. Der Beweis wird hier nicht ausgeführt. Der Algorithmus zählt zu den „greedy" (gierigen) Algorithmen, da man, ohne weiter in die Zukunft zu planen, bei jedem Schritt eine nächstmögliche, günstige Kante auswählt.

Ein minimales Gerüst von G verwendet man, um eine gute Approximation für eine Rundreise in G mit minimalen Reisekosten zu finden. Die Ecken $1, 2, \ldots, m$ des zusammenhängenden Graphen G sollen nun Städte, die Werte $w(i,j)$ Kosten für die Reise von i nach j sein, die der Dreiecksungleichung $w(i,j) + w(j,k) \geq w(i,k)$ genügen. Man begnügt sich bei diesem Problem mit einer Approximation, da man aus Zeitgründen meist nicht alle Rundreisen auf ihre Reisekosten hin durchrechnen kann. Wir geben nun Einschränkungen für das Problem an.

Beim „traveling salesman problem" TSP fragt man nach einer von einer Ecke e_o ausgehenden Rundreise $k_1 = (e_o, e_1), \ldots, k_n = (e_{n-1}, e_o)$ in $G = (E,K)$, bei der jede der Ecken e_i, $1 \leq i \leq n-1$ von $E = \{e_o, \ldots, e_{n-1}\}$ genau einmal besucht wird und die Reisekosten $\sum_{i=1}^{n} w(k_i)$ minimal sind. Wir setzen hierbei voraus, daß $n \geq 3$ ist und

jede der Städte durch genügend viele Straßen mit anderen (zum Beipiel $\geq n/2$ vielen) Städten verbunden
ist. Die folgende Approximation, -wenn sie längs
der existierenden Kanten gemacht werden kann,- ist
höchstens doppelt so teuer wie ein Rundreise mit
minimalen Reisekosten t: Man wähle ein nach Kruskal
bestimmtes minimales Gerüst T mit den Reisekosten s.
Eine Rundreise mit minimalen Reisekosten t wird durch
entfernen einer Kante zu einem Gerüst mit $t \geq s$. Ver-
doppelt man alle Kanten von T, so hat man eine Rundreise S, (hin und zurück auf demselben Weg), mit den
Reisekosten $2s \leq 2t$. Wegen der Dreiecksungleichung wird
die folgende Teilrundreise R von S höchstens noch
billiger: Längs des Doppelgerüstes S überspringe man
beim Durchlaufen von e_o aus alle Ecken, wo man vorher
schon war. R ist ein Kreis, der alle Ecken von G
enthält.

Die Konstruktion solcher Rundreisen ist nicht immer
möglich. Es muß in G mindestens ein *Hamiltonscher
Kreis*, das heißt: ein durch alle Ecken von G gehender
Kreis, existieren. Der Petersengraph (Bild 5.1) enthält keinen Hamiltonschen Kreis.

Eine *Eulersche Linie* in einem zusammenhängenden
Graphen ist ein Weg $k_1 = (e_o, e_1), \ldots, k_n = (e_{n-1}, e_o)$, der
jede Kante von G genau einmal enthält.

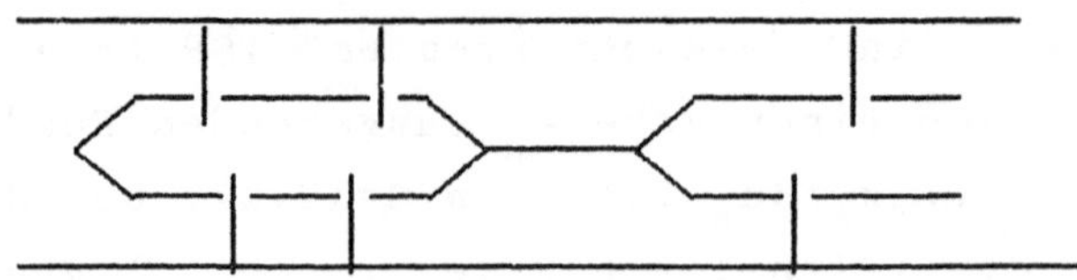

Bild 5.7

Im **Königsberger** (sieben) **Brückenproblem** (Bild 5.7)
gibt es keine Eulersche Linie.

Die Existenz Eulerscher Linien hängt von den folgenden Zahlen ab. Der *Grad* einer Ecke e ist die Anzahl der Kanten von G mit Endpunkt e.

SATZ 5.1: *Sei G ein zusammenhängender Graph. Die fol-*
   genden Aussagen sind äquivalent:
   (i) In G existiert eine Eulersche Linie.
   (ii) Jede Ecke von G hat geraden Grad.

Beweis: (i) impliziert (ii). Sei W eine Eulersche
Linie in G. Beim Durchlaufen einer Ecke e längs W
wird ein Beitrag 2 zum Grad von e geleistet. Da jede
Kante in W genau einmal vorkommt, ist der Grad von e
gerade. Dies gilt auch für den Anfangs- und Endpunkt
e_o von W.
(ii) impliziert (i). Wir zeigen zuerst: G enthält
einen Kreis. Man beginnt mit einer Kante k_1. Sei ein
unverzweigter Baum $k_1, \ldots, k_{i-1}$ schon konstruiert. Da
e_{i-1} geraden Grad hat, existiert eine Kante $k_i =$
(e_{i-1}, e_i) mit $k_i \neq k_j$ für $j < i$. Entweder ist $e_i = e_j$ für
ein $j < i$ oder es ist $e_i \neq e_j$ für $0 \leq j \leq i-1$. Im ersten Fall
ist $k_{j+1}, \ldots, k_i$ ein Kreis, im zweiten Fall ist $k_1, \ldots$
$\ldots, k_i$ ein unverzweigter Baum. Da nur endlich viele
Ecken zur Verfügung stehen, tritt der erste Fall nach
geeigneter Verlängerung des Weges $k_1, \ldots, k_{i-1}$ ein.

Wir wählen einen festen Kreis Z: $k_1, \ldots, k_n$ in G=
(E,K) aus. Für Z=K gilt (i) des Satzes. Wir betrachten den Teilgraph H=(E,K-$\{k_1, \ldots, k_n\}$), dessen
zusammenhängende Teilgraphen $H_1, \ldots, H_r$ seien. Jedes
H_i hat weniger Kanten als G und erfüllt die Voraussetzung (ii) des Satzes. Induktiv können wir

annehmen, daß H_i eine Eulersche Linie besitzt. Diese
Eulerschen Linien setzen wir nun so mit den Kanten
von Z zusammen, daß insgesamt eine Eulersche Linie
von G entsteht.

Wir machen zuerst eine Umnumerierung der H_i, so daß
die Ecke e_{k_i} in Z und H_i gemeinsam liegt und
$k_1 < \ldots < k_r$ gilt. Für die Eulersche Linie in G durchlaufen wir zuerst den Kreis Z von e_o nach e_{k_1}. Dann
durchlaufen wir eine Eulersche Linie in H_1. Haben wir
bei unserm Weg den Punkt e_{k_i}, $i \leq r$, nach Durchlaufen
einer Eulerschen Linie in H_i erreicht, so durchlaufen
wir für $i < r$ [$i=r$] den Kreis Z von e_{k_i} nach $e_{k_{i+1}}$ [e_o]
und danach eine Eulersche Linie in H_{i+1}.

Sei $|x|$ für $x \in \mathbb{R}^3$ der Abstand von x zum Nullpunkt
$0 \in \mathbb{R}^3$. Der folgende Satz gilt auch in der Ebene $\mathbb{R}^2$.

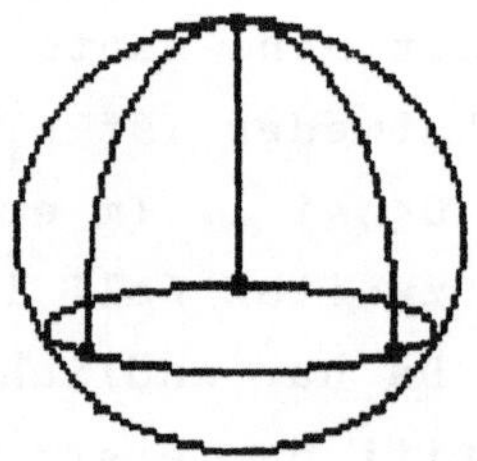

Bild 5.8

Wir beweisen ihn auf der Sphäre (Kugeloberfläche)
$$S^2 := \{ x \in \mathbb{R}^3 \mid |x| = 1 \},$$
um „unendlich ausgedehnte Flächenstücke" zu vermeiden. Geraden auf S^2 sind Großkreise.

In Bild 5.8 (Tetraeder) ist mit der Notation von
Satz 5.2: $\alpha_o=4$, $\alpha_1=6$ und $\alpha_2=4$.

<u>SATZ 5.2</u>: *Sei G ein zusammenhängender, endlicher,
planarer Graph auf S^2. Sei α_o die Anzahl der Ecken,
α_1 die Anzahl der Kanten und α_2 die Anzahl der von
Kreisen in G umschlossenen Flächenstücke. Dann gilt
die Eulersche Formel*

$$\alpha_o - \alpha_1 + \alpha_2 = 2 \ .$$

<u>Beweis</u>: Man wählt ein Gerüst $H=(E,K_o)$ in G aus. Da H
keine Kreise enthält, ist die Anzahl der Flächenstücke gleich 1. Hat H nur eine Kante, so ist
$\alpha_o^H - \alpha_1^H + \alpha_2^H = |E| - |K_o| + 1 = 2$, also ist für diese Graphen H
die Eulersche Formel richtig. Andernfalls nehmen wir
von H eine Ecke e vom Grad 1 und die einzige Kante k,
die e als Endpunkt hat, weg. Induktiv gilt für den
Teilgraphen $(E-\{e\}, K_o-\{k\})$ die Eulersche Formel. Also
gilt die Eulersche Formel für H. Da Kanten planarer
Graphen sich nicht im Innern überschneiden, wird bei
sukzessiver Hinzunahme einer Kante g von G zu einem H
enthaltenden, erweiterten Teilgraphen $Y=(E,K_1)$ von G,
-für den wir nach Induktion annehmen können, daß die
Eulersche Formel gilt,- ein altes in zwei neue
Flächenstücke aufgeteilt. Also gilt für den Teilgraphen $X=(E,K_1 \cup \{g\})$ von G die Eulersche Formel. Das
Verfahren bricht nach endlich vielen Schritten ab,
womit gezeigt ist, daß die Eulersche Formel für G
gilt.

In der unendlich ausgedehnten Ebene $\mathbb{R}^2$ sind Graphen
mit unendlich vielen Ecken im allgemeinen nicht durch

Betrachtungen auf S^2 zu behandeln, wie das folgende
Beispiel zeigt.

Eine *reguläre Pflasterung* der Ebene ist ein unendlich ausgedehnter Graph, der die Ebene in regelmäßige
n-Ecke, (n fest), aufteilt. In Bild 5.9 sind die
bekannten Pflasterungen für n=3,4 und 6 dargestellt.

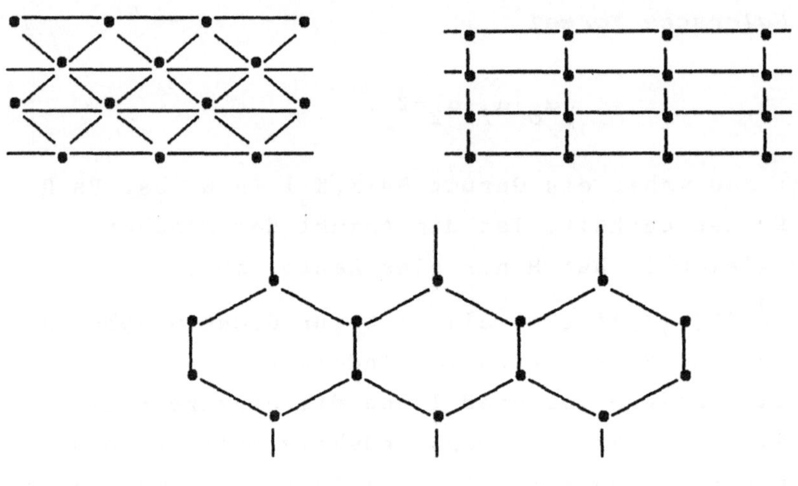

Bild 5.9

Ein *regelmäßiges n-Eck* hat in der Ebene einen endlichen Flächeninhalt, wird von einem (graphentheoretischen) Kreis berandet, hat an jeder Ecke den-
selben inneren Winkel α (im Bogenmaß) und es gilt

(i) $n \cdot \alpha = (n-2) \cdot \pi$.

Da jede Ecke des Graphen einer gegebenen regulären
Pflasterung mit k Winkeln α umgeben ist, gilt

(ii) $k \cdot \alpha = 2\pi$.

Aus (i) und (ii) ergibt sich die Gleichung $k \cdot (n-2) =$
2n, oder umgeformt die Gleichung

$$(n-2)(k-2)=4, \qquad\qquad (5.1)$$

was nur für die Zahlenpaare $(n,k) \in \{(3,6),(4,4),(6,3)\}$
möglich ist.

<u>SATZ 5.3</u>: *Die regulären Pflasterungen der Ebene sind
die in Figur 5.9 angegebenen. Man kann die Ebene
mit Dreiecken oder mit Vierecken oder mit Sechs-
ecken pflastern und es stoßen hierbei in den Ecken
des Graphen 6 Dreiecke oder 4 Vierecke oder
3 Sechsecke zusammen.*

6 CODIERUNGEN

Eine Nachrichtenübermittlung besteht aus folgenden
Teilen:
  (i)   einer Informationsquelle, die einen Text
        liefert,
  (ii) Codierungen (Verschlüsselungen) des Textes,
  (iii) Übertragungskanälen,
  (iv) der Decodierung (Entschlüsselung) des Textes,
  (v)   einem Textempfänger und manchmal gibt es
  (vi) Korrekturmöglichkeiten für Übertragungsfehler.

Hier beschäftigt sich der mathematische Teil mit
der Codierung und Decodierung eines Textes unter
gegebenen Nebenbedingungen, so daß nach Möglichkeit
auch Fehler, die bei der Nachrichtenübermittlung
entstanden sind, korrigiert werden können. Im Anhang
ist ein Pascalprogramm „CODIERUN" zu finden.

Beispiel 6.1: Zur Verarbeitung auf dem Computer werden Dezimalzahlen mit den Ziffern $0,1,2,3,4,5,6,7,8,9$
im Binärcode dargestellt, der nur die Ziffern $0,1$ benutzt. Die meisten Computer arbeiten im Binärsystem.
Die Binärzahlen werden wie üblich durchnumeriert:
$$0<1<10<11<100<101<110<111<1000...$$
Es existiert eine bijektive Abbildung f der Dezimalzahlen DZ auf die Binärzahlen BZ, bei der die natürliche Ordnung erhalten bleibt, $x<y$ gilt genau dann,
wenn $f(x)<f(y)$ gilt. Tabellarisch sieht das so aus:

DZ	1	2	3	4	5	6	7	8	9	10
BZ	1	10	11	100	101	110	111	1000	1001	1010

Beispiel 6.2: Das *Morse-Alphabet* benutzt zur Nach-
richtenübertragung die Signale kurz · (Punkt) und
lang - (Strich). Jedem Buchstaben des lateinischen
Alphabets a,b,c,...,x,y,z entspricht ein zusammen-
gesetztes Signal.

<u>Übung:</u> Man schreibe SOS im Morsealphabet.

   Die Punkt-Strich-Darstellung der Buchstaben ist in
dem Suchbaum von Bild 6.1 dargestellt, wobei e als
Punkt, t als Strich zu interpretieren ist und in den
Zweigen unterhalb e {bzw t} an jeder Ecke α in der
benachbarten Ecke im linken [rechten] Zweig unterhalb
α das Morsesymbol (α-) [(α·)] {bzw (α·) [(α-)]}
steht. Wir schreiben an die Ecken zur Abkürzung die
lateinischen Buchstaben (oder Zahlen, Zeichen) des
Morsesymbols:

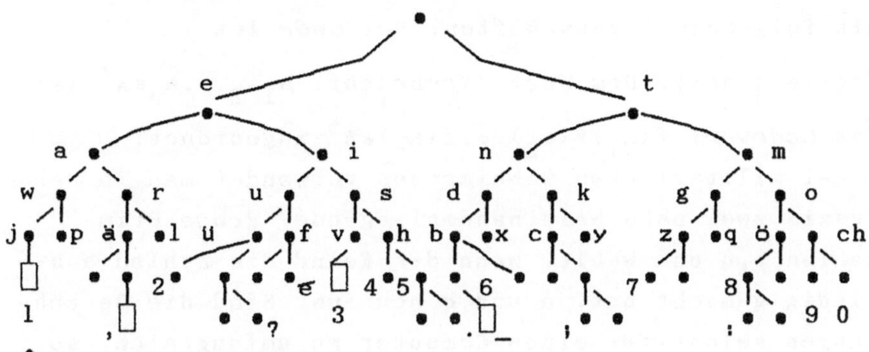

↑Dies ist die Zahl eins.

Bild 6.1

In Endpunkten steht aus Platzgründen ein Rechteck,
wenn das Morsesymbol dieser Ecke mit einem Strich
aufhört. Zum Beispiel ist

Zeichen	a	g	u	3	6	7
Morsesymbol	$\cdot-$	$--\cdot$	$\cdot\cdot--$	$\cdot\cdot\cdot--$	$-\cdot\cdot\cdot\cdot$	$--\cdot\cdot\cdot$

Wir nennen die Elemente $\{\cdot, -\}$ des Morsealphabets
Morsebuchstaben und Folgen von · und - *Morseworte*.
In Bild 6.1 sind die Zahlen 0,...,9 Morseworte, die
aus 5 Morsebuchstaben zusammengestellt sind. Zwischen
Morseworten schreibt man oft das Pausezeichen #.

   Im Anhang befindet sich ein Pascalprogramm „CODIE-
RUNG". Bei einer Codierung gibt man sich zwei abzähl-
bare Mengen A und B vor, die *Alphabete* heißen und
deren Elemente *A-Buchstaben* oder *B-Buchstaben* heißen.
Worte sind für $X=A$ oder $X=B$ endliche Folgen von
X-Buchstaben, die ohne Zwischenraum aneinandergereiht
werden. Die Menge der Worte im X-Alphabet ist

$$X^+ := \{a_1 a_2 \ldots a_n \mid a_i \in X \text{ für } 1 \leq i \leq n, \ n \in \mathbb{N}\}.$$

Eine *Codierung* ist eine injektive Abbildung $f: A^+ \to B^+$
mit folgenden Eigenschaften: Der *Code* ist

$C = \{f(a) \mid a \in A\}$. Dem Wort (*Nachricht*) $a_1 a_2 \ldots a_n \in A^+$ ist
das *Codewort* $f(a_1)f(a_2)\ldots f(a_n) \in B^+$ zugeordnet.

   Bei militärischen Geheimcodes verwendet man in der
Praxis zwei nahe beieinanderliegende, große Primzahlen p,q und wählt, wenn der Feind die Zahlen aus-
findig gemacht hat, p und q neu aus. Sind die Berechnungen selbst für einen Computer zu umfangreich, so
kann man bei einem militärischen Geheimcode sogar die
Zahl p bekanntgeben und eine Sekretärin, die

möglicherweise ein Spion ist, die verschlüsselten
Nachrichten tippen lassen.

Wir beschreiben das einfache Beispiel p=59 und q=61
ausführlich. Es ist n=(59·61=)3599. Der Code ist
$$\{0,1,2,3,4,5,6,7,8,9\}.$$
Codewörter und Nachrichten sind Reste von z-Potenzen
bei Division durch 3599 der (Dezimal-)Zahlen z<3599
mit ggT(z,3599)=1. Wir geben das Berechnungsschema
an, das auch für praktisch benutzte Zahlen n (in der
Größenordnung $10^{100}\leq n\leq 10^{200}$), gilt:

n sei das Produkt zweier großer Primzahlen p,q. Man
berechne über die Eulersche φ-Funktion die Zahl
$\varphi(p\cdot q)=n\cdot(1-\frac{1}{p})\cdot(1-\frac{1}{q})$ und bestimme eine Primzahl d mit
$d\geq\varphi(n)^{1/2}$ oder mit ggT(d,φ(n))=1. Die ganzen Zahlen
$e\geq 0$ und k>0 seien nach Satz 3.1 so gewählt, daß
$e\cdot d-k\cdot\varphi(n)=1$ gilt.

Bei einem militärischen Geheimcode kann man außer p
auch noch die Zahl e bekannt geben. Man muß jedoch
dafür sorgen, daß die Zahl d geheim bleibt.

Zum Verschlüsseln eines Textes z mit ggT(z,n)=1
berechne man den Rest [encode E(z)] y von z^e modulo
n, zum Entschlüsseln den Rest [decode D(E(z))] x von
y^d modulo n.

Es gilt z=x, da beim Reste-Rechnen modulo n nach
Satz 3.2 gilt $z^{\varphi(n)}\equiv 1$ und
$$x\equiv y^d\equiv(z^e)^d=z^{k\cdot\varphi(n)+1}\equiv z \text{ modulo } n\ .$$
Für p=59, q=61 und n=3599 ist im obigen Zahlenbei-
spiel φ(n)=3480 und d·e-φ(n)=3481-3480=1. Die Nachricht z=364 wird verschlüsselt zu $364^{59}\equiv 3019$ modulo
3599 und entschlüsselt zu $3019^{59}\equiv x=364$.

Wir beschäftigen uns nun mit Fragen der Fehlerkorrektur bei codierten Nachrichtenübermittlungen. Im Prinzip genügt es, die Codewörter v,w mit einem „Abstand" $d(v,w)$ zu versehen, der es erlaubt, Fehler kleiner Größe k, symbolisch: $k \ll d(v,w)$, zu korrigieren. Mathematisch präzisiert ist dieser einfache Sachverhalt beliebig kompliziert.

Wir haben in Kapitel 3 die Menge der Restklassen $\mathbf{Z}_m$ modulo m, $m \in \mathbb{N}$, $m \geq 2$ mit einer additiven Struktur versehen, die wir auch auf Produkten $(\mathbf{Z}_m)^n = \mathbf{Z}_m \times \ldots \times \mathbf{Z}_m$ (n-Faktoren) komponentenweise definiert haben. Neben der additiven Struktur haben wir auf $(\mathbf{Z}_m)^n$ eine Skalarmultiplikation $\mathbf{Z}_m \cdot (\mathbf{Z}_m)^n$, die ebenfalls komponentenweise definiert ist. Die Zahl m sei fest gewählt:

Es ist $\mathbf{Z}_m = \{0,1,\ldots,m-1\}$ die Menge der Reste der Zahlen aus $\mathbf{Z}$ nach Division durch m, wobei wir $i := x/\equiv$ repräsentativ für alle Zahlen $x \in \mathbf{Z}$ mit Rest i schreiben. Die Addition auf $\mathbf{Z}_m$ ist erklärt durch

$$a+b := c \quad \text{mit} \quad c \in (a+b)/\equiv \quad \text{und} \quad 0 \leq c \leq m-1. \tag{6.1}$$

Die Multiplikation auf $\mathbf{Z}_m$ ist erklärt durch

$$a \cdot b := d \quad \text{mit} \quad d \in (a \cdot b)/\equiv \quad \text{und} \quad 0 \leq d \leq m-1. \tag{6.2}$$

Die Addition auf $(\mathbf{Z}_m)^n$ ist erklärt durch

$$(a_1,\ldots,a_n)+(b_1,\ldots,b_n) := (a_1+b_1,\ldots,a_n+b_n) \tag{6.3}$$

und die Skalarmultiplikation mit dem Skalarbereich $\mathbf{Z}_m$ durch

$$c \cdot (a_1,\ldots,a_n) := (c \cdot a_1,\ldots,c \cdot a_n). \tag{6.4}$$

Wir nehmen nun an, daß $m=p$ eine Primzahl ist. Ein *Unterraum* $U \subseteq (\mathbf{Z}_p)^n$ ist eine Teilmenge, die gegen Addition und Skalarmultiplikation abgeschlossen ist, d.h.

$$\text{mit } v,w \in U \text{ und } c \in \mathbf{Z}_p \text{ gilt } v+w \in U \text{ und } c \cdot v \in U. \tag{6.5}$$

Gibt es k Elemente $v_1,\ldots,v_k$ in U mit

$c_1 \cdot v_1 + \ldots + c_k \cdot v_k = 0$ für $c_i \in \mathbf{Z}_m$ impliziert $c_i = 0$ für
$1 \leq i \leq k$,   (6.6)

$v = \sum_{i=1}^{k} a_i \cdot v_i$ gilt für jedes $v \in U$ mit geeigneten
Elementen $a_i \in \mathbf{Z}_p$,   (6.7)

so nennt man U *k-dimensional*. $(\mathbf{Z}_p)^n$ selbst ist
n-dimensional mit den Elementen $v_{i+1} = e_i$ und

$e_i := (0, \ldots, 0, 1, 0, \ldots, 0)$, $0 \leq i \leq n-1$,   (6.8)

die an der (i+1)-ten Komponente eine 1 und sonst 0
als Wert haben.

Ein *linearer (n,k)-Code* (auch *Blockcode*) über $\mathbf{Z}_p$

ist ein k-dimensionaler Unterraum $U \subseteq (\mathbf{Z}_p)^n$. Die
Elemente $w \in U$ heißen *Codeworte*. Jedes Codewort hat die
Länge n.

Der *Hammingabstand* $d(u,v)$ zweier Codewörter u,v ist
die Anzahl der Komponenten, in denen sich u und v
unterscheiden. e_i und e_j haben zum Beispiel für $i \neq j$
den Hammingabstand $d(e_i, e_j) = 2$. Der minimale Abstand
d eines linearen Codes U ist die kleinste der Zahlen
$d(u,v)$, $u \neq v$, $u,v \in U$, -symbolisch

$d := \bigwedge \{d(u,v) \mid u \neq v, \ u, v \in U\}$.   (6.9)

Wir sagen, der Code U *korrigiert* t Fehler, falls

für jedes „mit $k \leq t$ Fehlern behaftete" Wort $u \in (\mathbf{Z}_p)^n$
ein Wort $w \in U$ existiert mit $d(u,w) = k$ und $d(v,u) > t$ für
alle $v \in U$ mit $w \neq v$ gilt.

<u>SATZ 6.3</u>: *Es können $\leq t$ Fehler in Codeworten $w \in U$ kor-*
rigiert werden, falls $2 \cdot t < d$ gilt.

<u>Beweis</u>: Es ist $2t + 1 \leq d$. Sei $w \in U$ und $u \in (\mathbf{Z}_p)^n$ eine zu
korrigierende Nachricht mit $d(u,w) \leq t$. Es ist für

beliebiges $v \in U$ mit $w \neq v$ der Abstand $d(u,v) > t$, da die folgenden Ungleichungen gelten:
$$d(v,u)+d(u,w) \geq d(v,w) \geq d \quad \text{und} \quad d(u,v) \geq d-d(u,w) \geq d-t > t.$$

Wichtig sind die *zyklischen Codes*, die lineare Codes U sind mit der zusätzlichen Eigenschaft, daß $w=(a_n,a_1,\ldots,a_{n-1}) \in U$ ein Codewort ist, falls $v=(a_1,\ldots,a_n) \in U$ ein Codewort ist.

Die Konstruktion zyklischer Codes bedarf eines umfangreichen mathematischen Apparates. Wir geben, ohne in alle Details gehen zu wollen, zwei zyklische *Golay-Codes* U_1 und U_2 an, deren Codeworte der Leser nach (6.12) berechnen kann. Der allgemeine Satz zur Berechnung der Codeworte zyklischer Codes ist in Duske-Jürgensen 1977, S.139, zu finden.

(i) $U_1 \subseteq (\mathbf{Z}_2)^{23}$ kann drei Fehler korrigieren. Zur Konstruktion der Codeworte benötigt man das Polynom $p_1(x)=x^{11}+x^9+x^7+x^6+x^5+x+1$.

(ii) $U_2 \subseteq (\mathbf{Z}_3)^{11}$ kann zwei Fehler korrigieren und benutzt zur Konstruktion das Polynom
$$p_2(x)=x^5-x^3+x^2-x-1.$$

Für eine genaue Erklärung, warum Polynome wie p_1 oder p_2 zur Erzeugung der Codeworte eine Rolle spielen, sei ebenfalls auf Duske-Jürgensen 1977 verwiesen. Wir führen hier nur drei einfache Rechnungen durch und erwähnen einige in diesem Zusammenhang benötigte Begriffsbildungen aus der Algebra.

Polynomrechnungen modulo 2 oder 3 sind:
$$p_1 \mid (x^{23}-1) \quad \text{über } \mathbf{Z}_2 \text{ (Koeffizienten modulo 2) und}$$
$$p_2 \mid (x^{11}-1) \quad \text{über } \mathbf{Z}_3 \text{ (Koeffizienten modulo 3), da}$$

$$x^{23}-1=p_1 \cdot (x^{12}+x^{10}+x^7+x^4+x^3+x^2+x+1) \quad \text{modulo } 2 \quad (6.10)$$

und

$$x^{11}-1=p_2 \cdot (x^6+x^4-x^3-x^2-x+1) \quad \text{modulo } 3 \quad (6.11)$$

gilt. Bei der „Polynomrechnung modulo 2" multipliziert man die beiden Polynome auf der linken Seite
von (6.10) wie gewohnt, addiert aber die Koeffizien-
ten wie in $\mathbf{Z}_2$: Es ist $1=-1$, $2=0,\ldots$, das heißt man
addiert die Summe zweier gleicher x-Potenzen zu
$x^i+x^i=0$. Bei der „Polynomrechnung modulo 3" verfährt
man in (6.11) mit den Koeffizienten der x-Potenzen
ähnlich. Es ist $x^i+x^i=2x^i=-x^i$ und $x^i+x^i+x^i=3x^i=0$.

Für den ersten [zweiten] Code U_1 [U_2] definiert man
die Zahlen $q_1:=2$ [$q_2:=3$] $l_1:=23$ [$l_2:=11$] und $i_1:=12=$
$23-11$ [$i_2:=6=11-5$] und berechnet für $k\in\{1,2\}$ und
$U=U_k$, $p(x)=p_k(x)$, $q=q_k$, $m=l_k$, $i=i_k$ die Codeworte nach
dem Algorithmus:

(6.12) Es sei $v=(a_1,\ldots,a_m)\in (\mathbf{Z}_q)^m$. Genau dann ist
  $v\in U$, wenn bei Division von $x^q \cdot \sum_{j=1}^{i} a_{i-j} x^{j-1}$ durch
  $p(x)$ für den Rest $r(x)$ gilt: $r(x)=\sum_{j=0}^{q-1} a_{m-1-j} x^j$.

Sei G eine Menge, $+:G\times G\rightarrow G$ eine binäre Operation auf
G, $-:G\rightarrow G$ und $0\in G$ gegeben. Das Tupel $\mathcal{G}:=(G;+,-,0)$
heißt *abelsche Gruppe*, wenn für $a,b,c\in G$ die folgenden
Gleichungen gelten:
  Assoziativität, $a+(b+c)=(a+b)+c$,
  Kommutativität, $a+b=b+a$,
  $a+0=a=0+a$ (0 ist neutrales Element für +),
  $a+(-a)=0=-a+a$ (-a ist das Inverse von a).
Verlangt man das kommutative Gesetz nicht, so nennt
man $\mathcal{G}$ eine *Gruppe* und schreibt oft multiplikativ

1 für 0, · für + und $^{-1}$ für -, also $\mathcal{G}=(G;\cdot,^{-1},1)$. Ein
Körper ist ein Tupel $(K;+,\cdot,-,^{-1},0,1)$, das aus zwei
abelschen Gruppen $(K;+,-,0)$ und $(K-\{0\};\cdot,^{-1},1)$, der
additiven und der *muliplikativen* Gruppe des Körpers,
besteht und für das

  $0\cdot a=0=a\cdot 0$ für alle $a\in K$ und

  das *distributive Gesetz* $a\cdot(b+c)=a\cdot b+a\cdot c$

gilt. Eine *Untergruppe* $U\subseteq G$ (*Unterkörper* $L\subseteq K$) ist
selbst eine Gruppe (Körper) mit den auf U (L) einge-
schränkten Operationen und ist abgeschlossen gegen
alle Operationen der Gruppe (des Körpers). Das heißt,
für eine multiplikative Untergruppe U gilt $1\in U$, $a\in U$
impliziert $a^{-1}\in U$ und $a,b\in U$ impliziert $a\cdot b\in U$, für
einen Unterkörper L gilt $0,1\in L$, $a\in L$ impliziert $-a\in L$
und $a^{-1}\in L$ falls $a\neq 0$ ist, $a,b\in L$ impliziert $a+b,a\cdot b\in L$.

Für einen Körper mit einer endlichen Grundmenge K
und $|K|=m$ schreibt man $GF(m)$ und nennt ihn, dem
Mathematiker E. Galois zu ehren, ein *Galoisfeld*. Für
eine Primzahl p ist $GF(p)=\mathbf{Z}_p$ ein Galoisfeld. In einem
Galoisfeld schreibt man $n\cdot a$ für die n-fache Addition
$(n\in \mathbb{N})$ eines Elementes a.

Die *Charakteristik* eines endlichen Körpers K mit
$|K|\geq 2$ ist immer eine Primzahl p und ist definiert als
die Anzahl der Elemente des Durchschnitts Z aller
Unterkörper von K. Es ist $p\cdot a=0$ für alle $a\in K$.

Beweis: Da Z endlich ist, ist für eine kleinste,
natürliche Zahl p bei p Additionen von 1 die Summe
$p\cdot 1= 1+...+1=0$. Da p die kleinste Zahl mit dieser
Eigenschaft ist, gilt für $a,b<p$: $a\cdot 1\neq 0$, $b\cdot 1\neq 0$ und
$(a\cdot b)\cdot 1=(a\cdot 1)\cdot(b\cdot 1)\neq 0=p\cdot 1$, also $a\cdot b\neq p$. Somit ist p

eine Primzahl. Ferner gilt $p \cdot a = (p \cdot 1) \cdot a = 0 \cdot a = 0$ für alle $a \in K$. Die Struktur von Z ist dieselbe wie die von Z_p.

Wir schreiben $Z_p[x]$ für die Menge der Polynome in einer Unbestimmten x und mit Koeffizienten in Z_p. Man addiert und multipliziert Polynome wie in Kapitel 3, reduziert jedoch die Koeffizienten modulo p. Wir haben dies oben für den Fall $p=2$ und $p=3$ beschrieben.

Die Galoisfelder kann man alle durch Reste-Bildung der Elemente aus $Z_p[x]$ nach einem gegebenen Polynom $(x^{p^n}-x) \in Z_p[x]$ gewinnen. Jedes Polynom $q(x) \in Z_p[x]$ ist nach Division durch $x^{p^n}-x$ einem Rest-Polynom $r(x) = r_q(x)$ mit $\mathrm{Grad}\, r(x) < p^n$ äquivalent, in Symbolen: $q(x) \equiv r_q(x)$. Es gibt genau p^n solche Reste $r_q(x)$ in $Z_p[x]$.

Die Existenzaussage des folgenden Satzes benutzt als Grundmenge für Galoisfelder die Menge der p^n Äquivalenzklassen $Z_p[x]/\equiv$.

Setzt man $r_q(x)$ in das Polynom $x^{p^n}-x$ ein, dann hat das Polynom $t(x) = (r_q(x))^{p^n} - r_q(x)$ bei Division durch $x^{p^n}-x$ einen Rest $r_t(x) = 0$. Man nennt $r_q(x)$ (oder seine Äquivalenzklasse $r_q(x)/\equiv$) eine Nullstelle von $x^{p^n}-x$.

Um den hier zugrundliegenden, mathematischen Zusammenhang klar zu stellen, geben wir den folgenden Satz an, für dessen Beweis wir auf Algebrabücher verweisen.

<u>SATZ 6.4</u>: *Für jede Primzahl p und jede natürliche Zahl n existieren Galoisfelder $GF(p^n)$. Die Elemente von $GF(p^n)$ sind die Nullstellen (modulo p) des Polynoms $x^{p^n} - x \in \mathbf{Z}_p[x]$. Jedes Galoisfeld ist von dieser Form.*

Wir geben nur eine <u>Beweis</u>idee an, da der Beweis selbst den Rahmen dieses Kapitels übersteigt. Man überlegt sich, daß die additive Gruppe von $GF(p^n)$ dieselbe additive Struktur und Elementeanzahl wie $\mathbf{Z}_p[x]/\equiv$ ($\equiv$ für $x^{p^n} - x$) hat. Um die Körperstruktur von $\mathbf{Z}_p[x]/\equiv$ zeigen zu können, benötigt man eine Verallgemeinerung des Satzes 3.2 für Polynome.

Um gemeinsame Sachverhalte von (6.6), (6.7) und Satz 6.4 auch gemeinsam benennen zu können, definieren wir:

Ein *n-dimensionaler Vektorraum* über einem Körper K ist eine abelsche Gruppe V mit n ausgezeichneten Elementen $v_1, \ldots, v_n$ und einer Skalarmultiplikation $c \cdot v \in V$ für $c \in K$, $v \in V$, die den folgenden Gleichungen genügt:

$$c \cdot (v+w) = c \cdot v + c \cdot w, \quad (c+d) \cdot v = c \cdot v + d \cdot v, \quad 1 \cdot v = v \text{ und}$$
$$(c \cdot d) \cdot v = c \cdot (d \cdot v) \text{ für } c, d \in K \text{ und } v, w \in V, \tag{6.13}$$

$$\Sigma_{i=1}^{n} c_i \cdot v_i = 0 \text{ impliziert } c_i = 0 \text{ für } 1 \leq i \leq n, \tag{6.14}$$

$$\text{zu jedem } w \in V \text{ existieren } d_i \in K \text{ mit } w = \Sigma_{i=1}^{n} d_i \cdot v_i. \tag{6.15}$$

Die Elemente von V heißen Vektoren. Für den Null-vektor $0 \in V$ schreiben wir dasselbe Symbol wie für $0 \in K$. Ein **Unterraum** U von V ist eine Untergruppe von V als abelscher Gruppe, die gegen Skalarmultiplikation abgeschlossen ist.

Ein System von k Vektoren $w_1,\ldots,w_k \in V$ heißt *linear unabhängig*, falls (6.14) für w_i und k anstelle von v_i und n gilt. Eine *Basis* eines Unterraumes U ist ein System $w_1,\ldots,w_k$ linear unabhängiger Vektoren in U, für die gilt

(6.16) zu jedem $w \in U$ existieren $d_i \in K$ mit $w = \Sigma_{i=1}^{k} d_i \cdot w_k$.
U heißt dann k-dimensional.

Mit dieser Notation sind lineare Codes k-dimensionale Unterräume des n-dimensionalen Vektorraums $V = (Z_p)^n$ über dem Körper $K = Z_p$.

Ein Galoisfeld GF(m) mit der Charateristik p ist ein n-dimensionaler Vektorraum $K = (Z_p)^n$ über Z_p. Dies zeigt insbesondere, daß in Satz 6.4 für endliche Körper GF(m) nur die Zahlen $m = p^n$ vorkommen können.
Man kann zeigen, daß
(a) ein *primitives* Element $\delta \in K-\{0\}$ mit $K-\{0\} = \{\delta^i \mid 0 \leq i < |K|-1\}$ existiert,
(b) die Anzahl der primitiven Elemente δ, die $K-\{0\}$ nach (a) *erzeugen*, $\sum_{d \mid n} \mu(n/d) p^d$ ist,

(c) jedes solche δ Nullstelle eines irreduziblen Polynoms $f(x) = x^n + \Sigma_{i=0}^{n-1} a_i x^i$ mit $f(x) \mid (x^{p^n} - x)$ ist.

Ein Polynom $g(x) \in Z_p[x]$ vom $\mathrm{Grad} g(x) \geq 1$ heißt *irreduzibel*, wenn es nicht ein Produkt $g(x) = p(x) \cdot q(x)$ mit $p(x), q(x) \in Z_p[x]$ und $\mathrm{Grad} p(x), \mathrm{Grad} q(x) \geq 1$ ist.
Sei

$$\delta := (x/\equiv) \in GF(4).$$

In $GF(4) = \{0, 1, \delta, \delta^2\}$ gilt für die Addition + und die Multiplikation · :

+	0	1	δ	δ^2
0	0	1	δ	δ^2
1	1	0	δ^2	δ
δ	δ	δ^2	0	1
δ^2	δ^2	δ	1	0

·	0	1	δ	δ^2
0	0	0	0	0
1	0	1	δ	δ^2
δ	0	δ	δ^2	1
δ^2	0	δ^2	1	δ

Es ist $x^4 - x = x(x-1)(x^2+x+1)$ und $\delta^2 + \delta + 1 = 0$. Sei R die Operation + oder · in $GF(4)$. Im Kästchen ij der R-Tafel steht $a_{ij} := a_i R a_j$ falls in der i-ten Zeile horizontal links im Randkästchen a_i und in der j-ten Spalte vertikal oben im Randkästchen a_j steht.

In $GF(8)$ benutzen wir für die Addition folgende Vektorraumdarstellung von $v \in GF(8)$. Es ist

$v = \sum_{i=1}^{3} a_i \cdot e_{i-1} = (a_1, a_2, a_3)$ mit $a_i \in \mathbb{Z}_2$ und $e_0 = (1,0,0)$, $e_1 = (0,1,0)$, $e_2 = (0,0,1)$. Das zu $GF(8)$ gehörige Polynom hat über $\mathbb{Z}_2$ die Faktoren

$$x^8 - x = x(x-1)(x^3+x+1)(x^3+x^2+1).$$

Für eine Nullstelle $\beta \in GF(8)$ des Polynoms x^3+x+1 gilt

$$(*) \quad \beta^3 = \beta + 1$$

und $GF(8) = \{0, 1, \beta, \beta^2, \beta^3, \beta^4, \beta^5, \beta^6\}$. Insbesondere ist $0 = (0,0,0)$, $1 = (1,0,0)$, $\beta = (0,1,0)$, $\beta^2 = (0,0,1)$, $\beta^3 = (1,1,0)$, $\beta^4 = (0,1,1)$. $\beta^5 = (1,1,1)$, $\beta^6 = (1,0,1)$. Die Addition der 3-Tupel wird komponentenweise modulo 2 berechnet. Die Multiplikation in $GF(8)$ ist durch $\beta^7 = 1$ und die Multiplikation der β-Potenzen bestimmt.

7 POLYNOME UND FRACTALE

Im ersten Teil des Kapitels untersuchen wir
Eigenschaften reeller Polynome

$$p(x) = \sum_{i=0}^{n} a_i x^i \quad \text{mit } a_i \in \mathbb{R}, \tag{7.1}$$

im zweiten Teil graphische Eigenschaften, die
Fractale, von sogenannten komplexen Polynomen $p(z)$.

Das *Hornerschema* erlaubt es, in übersichtlicher
Weise Funktionswerte $p(c)$ von (7.1) für $c \in \mathbb{R}$ zu berechnen. Man schreibt dazu $p(x)$ in der Form

$$p(x) = (\dots((a_n x + a_{n-1})x + a_{n-2})x + \dots + a_1)x + a_0. \tag{7.2}$$

Im Hornerschema von Bild 7.1 sind die Zahlen so angeordnet, daß in der ersten Zeile ganz links die Zahl c
steht. Dann folgen die Zahlen $a_n, a_{n-1}, \dots, a_0$. Sei
$b_n := a_n$. Die Zahlen b_i der dritten Zeile sind für $i=$
$n-1, n-2, \dots, 1, 0$ die Summe der Zahlen a_i und $b_{i+1}c$,
die in derselben Spalte wie b_i stehen. $p(c) = b_0$ ist
der gesuchte Wert des Polynoms an der Stelle c.

c	a_n	a_{n-1}	a_{n-2}	$\dots$	a_i	$\dots$	a_0
		$b_n c$	$b_{n-1}c$	$\dots$	$b_{i+1}c$	$\dots$	$b_1 c$
	b_n	b_{n-1}	b_{n-2}	$\dots$	b_i	$\dots$	b_0

Bild 7.1

Eine *Nullstelle* von $p(x)$ ist eine Zahl $c \in \mathbb{R}$ mit
$p(c) = 0$. Zur approximativen (näherungsweisen) Berechnung von Nullstellen verwendet man Iterations-
oder lineare Interpolationsverfahren. Im Anhang befindet sich ein Pascalprogramm „QUGLEICH", das reelle
Nullstellen eines quadratischen Polynoms berechnet.

Da wir die Nullstellen linearer und quadratischer
Polynome genau bestimmen können, nehmen wir an, daß

Gradp(x)$\geq$3 gilt. Außerdem habe $p(x)=\sum_{i=0}^{n}a_i x^i$ nur eine
Nullstelle c im Intervall I:=$\{x\in\mathbb{R}\,|\,a\leq x\leq b\}$, $a,b\in\mathbb{R}$, $a<b$,
und $p(a)\neq0$ und $p(b)\neq0$ haben verschiedenes Vorzeichen.
Sei $p'(x):=\sum_{i=1}^{n}i\cdot a_i x^{i-1}$ und $p''(x):=\sum_{i=2}^{n}i(i-1)a_i x^{i-2}$.

Newtonsches Verfahren:

  Sei $p'(x)\neq0$ und $p''(x)\neq0$ in I. Wähle $x_o=a$ oder $x_o=b$
so aus, daß $p(x_o)$ und $p''(x_o)$ dasselbe Vorzeichen
haben. Die Iteration x_n, $n\in\mathbb{N}$, nach

$$x_n:=x_{n-1}-[p(x_{n-1})/p'(x_{n-1})] \qquad (7.3)$$

approximiert die Nullstelle c, in Symbolen $c=\lim_{n\to\infty} x_n$
oder $x_n\to c$. Die hier benutzte Limesschreibweise wird
in der Analysis genauer behandelt. Hier genügt uns
die Anschauung, daß die Punkte x_n mit wachsendem n
immer näher an c herankommen.

  In Bild 7.2 verwenden wir das cartesische xy-Koor-
dinatensystem in der Ebene, um jedem Paar $(x,y)\in\mathbb{R}^2$
eindeutig einen Punkt der Ebene zuordnen zu können.
Der Teil des Bildes 7.2 rechts von c stellt mit x_1
und x_2 die Newtonsche Approximation der Nullstelle
x=c, y=0 der Funktion y=p(x) dar, der Teil links von
c mit z_1 und z_2 die iterierte

Regula falsi:

  Durch die Stützpunkte $A:=(a,p(a))$ und $B:=(b,p(b))$
ziehen wir in der xy-Ebene $\mathbb{R}^2$ die Gerade g, deren

Schnittpunkt $(z_1,0)\in\mathbb{R}^2$ mit der x-Achse eine
Approximation der Nullstelle c von p(x) ist. Aus der
Geradengleichung von g ergibt sich

$$z_1 := [ap(b)-bp(a)]/[p(b)-p(a)]. \qquad (7.4)$$

Iteriert man die Regula falsi unter Verwendung der
Punkte x_n von (7.3) für n>1 nach

$$z_n := [z_{n-1}p(x_{n-1})-x_{n-1}p(z_{n-1})]/[p(x_{n-1})-p(z_{n-1})] \qquad (7.5)$$

und stimmen für die Intervalle $I_n\subseteq\mathbb{R}$ mit den Endpunkten x_{n-1} und z_{n-1} die ersten Dezimalstellen von
z_n und x_n überein, so sind dies auch die ersten Dezimalstellen von c. Diese kombinierte Newton-Regula-
falsi Approximation kann im allgemeinen rascher been-
det werden als (7.3) oder (7.4) einzeln.

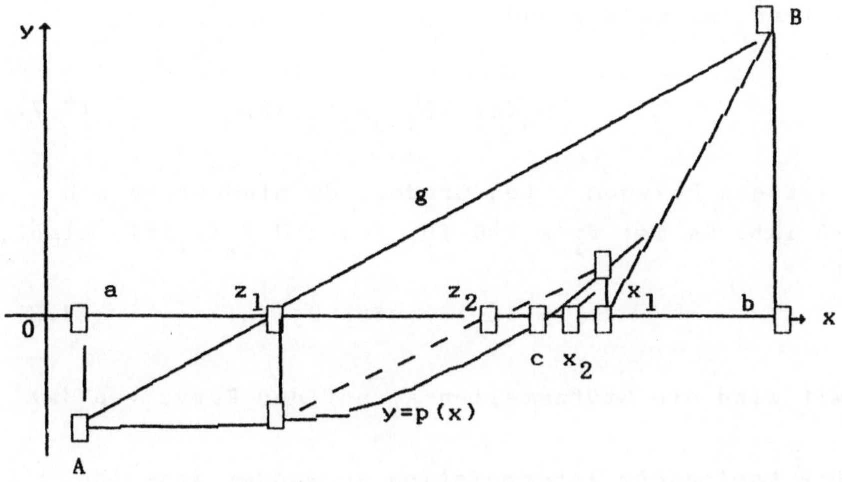

Bild 7.2

Die Regula falsi ist eine „lineare Interpolation",

da die Funktion $y=p(x)$ zwischen den Stützstellen $A_o=A$
und $A_1=B$ durch das lineare Polynom

$$y=q(x)=mx+d, \quad m,d \in \mathbb{R} \qquad (7.6)$$

der Geradengleichung für g ersetzt wurde.

Die *Interpolation* wendet man allgemeiner an auf
reelle Funktionen $y=f(x)$ und auf $(n+1)$ Stützstellen
$A_i=(x_i,y_i)$, $0 \leq i \leq n$ mit $y_i=f(x_i)$. Anstelle des linearen
Polynoms $q(x)$ in (7.6) wird je nach der Lage der
Stützstellen ein interpolierendes Polynom $q(x)$ mit
$\mathrm{Grad} q(x) \leq n$ benutzt, für das $y_i=q(x_i)$, $0 \leq i \leq n$, gilt.
Im Anhang ist ein Pascalprogramm „INTERPOL".

Es seien die reelle Funktion $y=f(x)$ und $(n+1)$
Stützstellen $A_i=(x_i,y_i)$ mit $y_i=f(x_i)$, $0 \leq i \leq n$,
$x_o < x_1 < \ldots < x_n$ und $(y_o,\ldots,y_n) \neq (0,\ldots,0)$ gegeben.

Für die *Lagrangesche Interpolation* definiert man
die Polynome $q_o(x):=1$, $q_j(x):=\prod_{i=0,i \neq j}^{n}(x-x_i)$,
$f_j(x):=q_j(x)/q_j(x_j)$ und

$$p_n(x):=\sum_{j=0}^{n} y_j f_j(x). \qquad (7.7)$$

p_n ist ein Polynom n-ten Grades, da mindestens ein
$y_j \neq 0$ ist. Es ist $f_i(x_j)=0$ für $i \neq j$ und $f_i(x_i)=1$, also
ist

$$p_n(x_i)=y_i \quad \text{für } 0 \leq i \leq n. \qquad (7.8)$$

Somit sind die Stützstellen A_i auf der Kurve $y=p_n(x)$.

Die *Newtonsche Interpolation* verwendet dasselbe
interpolierende Polynom wie die Lagrange Interpolation, konstruiert jedoch $p_n(x)$ anders: Es sei

$h_o(x):=1$ und $h_{k+1}(x):=\Pi_{i=0}^{k}(x-x_i)$. Definiere $c_o:=y_o$, $p_o(x):=y_o$ und rekursiv die Zahlen c_i und Polynome $p_i(x)$ für $1\leq i\leq n$ durch

$$c_i:=[y_i-p_{i-1}(x_i)]/h_i(x_i), \quad p_i(x):=$$
$$p_{i-1}(x)+c_i h_i(x). \qquad (7.9)$$

Die Behauptung, daß $p_n(x)$ in (7.7) oder (7.9) dasselbe Polynom darstellt, wollen wir hier nicht zeigen. Dies folgt zum Beispiel aus der Gleichheit der (n+1) Funktionswerte $y_i=p_n(x_i)$ für $0\leq i\leq n$, die wir für das Newtonsche Polynom $p_n(x)$ aus (7.9) nun nachweisen. Es ist $y_o=p_o(x_o)$. Sei für $p_{m-1}(x)$ nach (7.9) bewiesen, daß $p_{m-1}(x_i)=y_i$ für $0\leq i\leq m-1$ gilt. Nach Definition von h_m ist $h_m(x_i)=0$ für $0\leq i\leq m-1$. Also ist $p_m(x_i)=p_{m-1}(x_i)=y_i$ für $0\leq i\leq m-1$. Für x_m folgt aus der Definition von c_m, daß $p_m(x_m)=p_{m-1}(x_m)+(y_m-p_{m-1}(x_m))=y_m$ gilt. Für $p_n(x)$ nach (7.9) gilt somit (7.8).

Das Polynom $p_n(x)$ stimmt an den Stützstellen mit der vorgegebenen Funktion $f(x)$ überein. Es braucht jedoch $f(x)$ nicht zu approximieren. Für Approximationen von f auf einem Intervall $I\subseteq\mathbb{R}$ kann man entweder stückweise lineare Funktionen oder in vielen (den stetigen) Fällen auch die mit f assoziierten *Bernsteinpolynome* $B_n(x)$, $n\in\mathbb{N}$, benutzen. Zum Beispiel ist auf dem Intervall $[0,1]:=\{x\in\mathbb{R}\mid 0\leq x\leq 1\}$

$$B_n(x):=\sum_{k=0}^{n}\binom{n}{k}x^k(1-x)^{n-k}f(k/n). \qquad (7.10)$$

An Polynomapproximationen $p(x)$ einer reellen Funktion ist man interessiert, weil $p(x)$ oft rechnerisch leichter zu handhaben ist.

Wir kommen nun zum zweiten Teil dieses Kapitels
und benötigen einige Definitionen bevor wir Fractale
erklären können.

Für die Elemente der xy-Ebene $\mathbb{R}^2$ definieren wir
eine komponentenweise Addition und Skalarmultiplikation mit Skalaren $c\in\mathbb{R}$ durch

$(x,y)+(u,v):=(x+u,y+v)$ und $c\cdot(x,y):=(cx,cy)$.

Mit dieser Struktur versehen ist $\mathbb{R}^2$ ein Vektorraum
über dem Körper $\mathbb{R}$ mit der Basis $1:=(1,0)$ und
$i:=(0,1)$. Jedes Element $z=(x,y)$ kann man dann eindeutig in der Form

$$z=x+iy, \quad x,y\in\mathbb{R} \qquad (7.11)$$

schreiben. Wir identifizieren $\mathbb{R}$ mit den Punkten der
x-Achse, also mit den Punkten z aus (7.11), für die
$y=0$ gilt. Somit ist $\mathbb{R}$ eine Teilmenge von $\mathbb{R}^2$. Man kann
auf $\mathbb{R}^2$ axiomatisch eine „komplexe" Multiplikation definieren, die nicht komponentenweise erklärt ist.

Nach dem Mathematiker C.F. Gauß wird dann $\mathbb{C}:=\mathbb{R}^2$ die
Gaußsche Zahlenebene genannt:

Man multipliziert i mit sich selbst nach der Regel

$$i^2+1=0 \qquad (7.12)$$

und rechnet multiplikativ mit den Paaren (7.11) nach
den Rechenregeln eines Körpers, also

$$z_1\cdot z_2=(x_1+iy_1)\cdot(x_2+iy_2):=(x_1x_2-y_1y_2)+i(x_1y_2+y_1x_2).$$

Man kann dann zeigen, daß $(\mathbb{C};+,\cdot,-,^{-1},0,1)$ ein Körper
ist, -zum Beispiel ist $z^{-1}=(x-iy)/(x^2+y^2)$ für $z\neq0$.

Der Betrag von z ist $|z|:=(x^2+y^2)^{1/2}$. Polynome über
$\mathbb{C}$ in der Unbestimmten z sind von der Form

$$p(z):=\Sigma_{i=0}^{n}a_iz^i, \quad a_i\in\mathbb{C} \text{ für } 0\leq i\leq n.$$

Wir hatten früher bemerkt, daß das reelle Polynom

$$p(z) = z^2 + 1 \qquad\qquad (7.13)$$

in $\mathbb{R}$ keine Nullstelle besitzt. Diesen Mangel haben wir durch (7.12) behoben, -das komplexe Polynom (7.13) hat in $\mathbb{C}$ die Nullstellen $z_1 = i$ und $z_2 = -i$.

Wir beschäftigen uns nun mit quadratischen Polynomen der Form

$$p_c(z) := z^2 + c, \quad c \in \mathbb{C}. \qquad\qquad (7.14)$$

B. Mandelbrot entdeckte durch seine Computerexperimente in den siebziger Jahren neue Eigenschaften dieser Polynome. Er interessierte sich für das Orbitverhalten der p_c. Der *Orbit (Bahn)* Or(z) eines Punktes $z \in \mathbb{C}$ besteht aus allen Punkten von $\mathbb{C}$, die durch wiederholte Anwendung von p_c auf z abgebildet werden oder Bilder von z sind. Insbesondere gehören z, $p_c(z)$ und $p_c^2(z) = p_c(p_c(z))$ zum Orbit von z. Wir definieren für ein Polynom p(z)

$$p^n(z) := p(p^{n-1}(z)) \text{ für } n \in \mathbb{N} \text{ und } p^0(z) := z. \qquad (7.15)$$

Dann ist

$$\text{Or}(z) = \left\{ w \in \mathbb{C} \mid p^n(w) = z \text{ oder } p^n(z) = w, \; n \in \mathbb{N}_o \right\}. \qquad (7.16)$$

Orbits Or(z) können sich sehr verschieden verhalten. Die Punkte $p^n(z)$ können mit n ins Unendliche wandern. Wir schreiben für diesen Sachverhalt $p^n(z) \to \infty$. Es gibt jedoch auch Punkte z, deren Orbits ganz innerhalb eines großen Kreises um 0 liegen. Wir schreiben hierfür $\neg(p^n(z) \to \infty)$. *Fixpunkte* von p_c sind Punkte $z \in \mathbb{C}$ mit Or(z) = {z}. Orbits wechseln je nach Wahl der Konstanten c. Hält man c fest, so ist die

Juliamenge K_c die Punktmenge in $\mathbb{C}$, deren Orbit im Endlichen bleibt,

$$K_c := \left\{ z \in \mathbb{C} \mid \neg (p_c^n(z) \to \infty) \right\}. \qquad (7.17)$$

Die *Mandelbrotmenge* M enthält die Punkte $c \in \mathbb{C}$, deren p_c-Orbit von 0 im Endlichen bleibt,

$$M := \left\{ c \in \mathbb{C} \mid \neg (p_c^n(0) \to \infty) \right\}. \qquad (7.18)$$

Die Computergrafik von M in Bild 7.3 zeigt ein chaotisches Randverhalten. In Vergrößerung besehen zeigt sich jedoch, daß gewisse geometrische Substrukturen ähnlich wie die gesamte Struktur aussehen. Der Name *Fractale (fractals)* für Gestalten wie in Bild 7.3 wurde von Mandelbrot geprägt und soll besagen: rauh und im Groben selbstähnlich. Das Fractal in Bild 7.3 wurde mit dem Pascalprogramm „APPLEMAN" des Anhangs auf einem Personal Computer gezeichnet. Die Berechnung der Orbitpunkte erfolgt für $x_o, y_o \in \mathbb{R}$ und $c = a + ib \in \mathbb{C}$ rekursiv nach der Formel:

$$x_{k+1} := x_k^2 - y_k^2 + a, \quad y_{k+1} := 2x_k y_k + b, \quad k \in \mathbb{N}_o. \qquad (7.19)$$

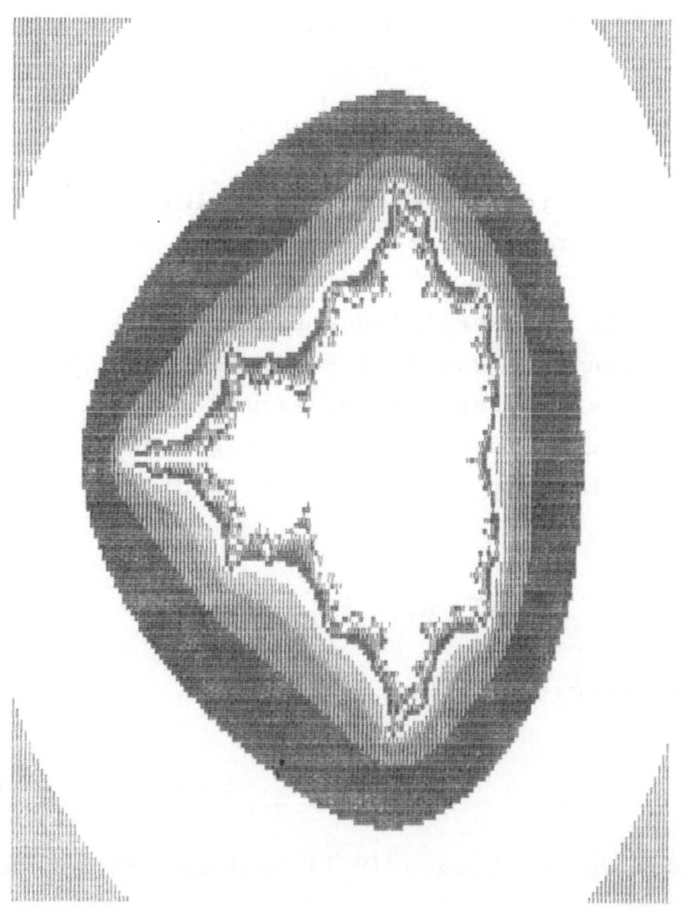

Bild 7.3

8 LINEARE OPTIMIERUNG

Bei der Optimierung versucht man, Zielfunktionen für Gewinn oder Verlust zu maximieren oder zu minimieren.

<u>Beispiel 8.1</u>: Zur Herstellung einer Anzahl x_j, $j=1,2$, von Waren benötigt man drei Rohstoffe R_1, R_2, R_3. Die vorhandene Gesamtmenge von R_i sei b_i und a_{ij} sei die zur Herstellung einer Ware j benötigte Mengenanzahl von R_i. Man hat für $1 \leq i \leq 3$ die Nebenbedingungen $x_1 \geq 0$, $x_2 \geq 0$ und

$$R_i: \quad a_{i1}x_1 + a_{i2}x_2 \leq b_i. \qquad (8.1)$$

Der zu maximierende Gewinn sei

$$Z = c_1 x_1 + c_2 x_2, \quad c_i \in \mathbb{R}^+. \qquad (8.2)$$

Jede der Ungleichungen (8.1) bestimmt Halbebenen

$$H_i := \left\{ (x_1, x_2) \in \mathbb{R}^2 \mid a_{i1}x_1 + a_{i2}x_2 \leq b_i \right\}$$

des $\mathbb{R}^2$. Sei $E := \left\{ (x_1, x_2) \in \mathbb{R}^2 \mid x_i \geq 0, \ i=1,2 \right\}$. Die Zielfunktion Z kann nur Werte in $E \cap H_1 \cap H_2 \cap H_3$ annehmen und soll in dieser Teilmenge des $\mathbb{R}^2$ maximiert werden.

Zur graphischen Lösung eines solchen Problems betrachten wir das folgende Bild 8.1.

Die Geraden $g_i: a_{i1}x_1 + a_{i2}x_2 = b_i$, $1 \leq i \leq 3$, die x_1-Achse und die x_2-Achse begrenzen in Bild 8.1 die Menge G der zulässigen Werte (x_1, x_2) für die Zielfunktion Z.

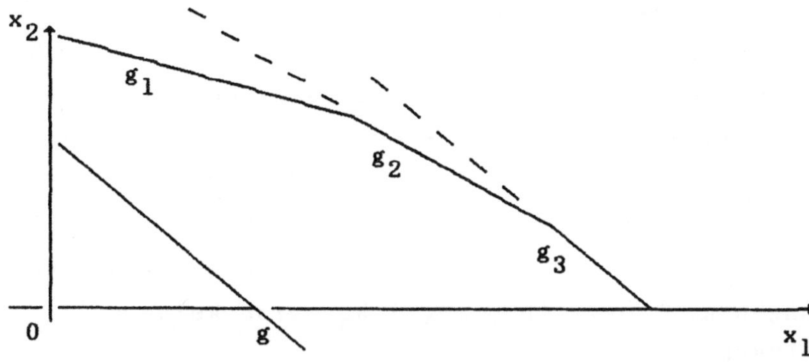

Bild 8.1

Gibt man sich einen festen Gewinn d in (8.2) vor, so erhält man eine Gerade g: $c_1x_1+c_2x_2=d$. Für verschiedene Werte von d ergeben sich Parallelen h zu g, unter denen wir ein $h=h_o$ auszuwählen haben mit maximalem $d=d_o$ und $h_o \cap G \neq \emptyset$. Da in Bild 8.1 die Steigung $-c_1/c_2$ der Geraden h negativ und $x_1 \geq 0$ ist, ergibt sich ein Maximum, falls $x_2=d/c_2$ maximal für $(0,x_2) \in h$ ist.

Im Bild verschieben wir also die Gerade g so weit wie möglich parallel nach rechts oben, bis die Parallele h_o nur noch einen Eckpunkt p_o oder ein Stück s_i einer Randgeraden g_i mit G gemeinsam hat. Im ersten Fall ist p_o der einzige Punkt mit maximalem Gewinn, im zweiten Fall erzielt man für jeden Punkt $p_o \in s_i$ einen maximalen Gewinn d_o. In beiden Fällen sagen wir, $p_o=(a_o,b_o)$ ist *optimal* gewählt.

Die soeben beschriebene Methode kann auch für

endlich viele Nebenbedingungen

$$R_i: \quad a_{i1}x_1 + a_{i2}x_2 \le b_i, \quad 1 \le i \le m \qquad (8.3)$$

angewandt werden, falls durch die Geraden g_i:
$a_{i1}x_1 + a_{i2}x_2 = b_i$ ein beschränktes, konvexes Flächen-
stück G im ersten Quadranten $x_1 \ge 0$, $x_2 \ge 0$ abgegrenzt
wird. -Die Begriffe „beschränkt" und „konvex" werden
unten allgemein im $\mathbb{R}^n$ definiert. Ohne diese Zusatzbe-
dingungen an G existiert möglicherweise keine opti-
male Lösung.

Bevor wir die Aussage des Hauptsatzes der linearen
Optimierung präzisieren können, benötigen wir einige
Definitionen.

$\mathbb{R}^n$ ist ein n-dimensionaler Vektorraum über dem
Körper $\mathbb{R}$. Wir schreiben Vektoren $x, c \in \mathbb{R}^n$ oft auch als
Spaltenvektoren

$$x = \begin{bmatrix} x_1 \\ \vdots \\ x_j \\ \vdots \\ x_n \end{bmatrix} \qquad \text{oder} \qquad c = \begin{bmatrix} c_1 \\ \vdots \\ c_j \\ \vdots \\ c_n \end{bmatrix}$$

Die Koeffizienten a_{ij} von Summen $\sum_{j=0}^{n} a_{ij}x_j$, $1 \le i \le m$,
schreibt man in eine rechteckige Tafel, die man
(mxn)-Matrix nennt:

$$A = (a_{ij}) := \begin{bmatrix} a_{11} \cdots a_{1j} \cdots a_{1n} \\ \vdots \qquad \vdots \qquad \vdots \\ a_{i1} \cdots a_{ij} \cdots a_{in} \\ \vdots \qquad \vdots \qquad \vdots \\ a_{m1} \cdots a_{mj} \cdots a_{mn} \end{bmatrix}$$

Die Matrix A hat **m Zeilen** und **n Spalten** und in der i-ten Zeile und j-ten Spalte steht die Zahl a_{ij}.

Vektoren $x, c \in \mathbb{R}^n$ schreiben wir also entweder als (1xn)-Matrix oder als (nx1)-Matrix.

Man multipliziert eine (mxn)-Matrix A mit einer (nxp)-Matrix B nach der Regel

$$A \cdot B = (a_{ij}) \cdot (b_{jk}) := (c_{ik}) = C, \qquad (8.4)$$

wobei

$$c_{ik} := \Sigma_{j=1}^{n} a_{ij} \cdot b_{jk}$$

gilt. Das Produkt $C = A \cdot B$ ist eine (mxp)-Matrix.

Man addiert zwei (mxn)-Matrizen $S = (s_{ij})$ und $T = (t_{ij})$ nach der Regel

$$T + S := (s_{ij} + t_{ij}). \qquad (8.5)$$

Die Summe $T + S$ ist eine (mxn)-Matrix mit dem Element $s_{ij} + t_{ij}$ in der i-ten Zeile und j-ten Spalte.

Die Punkte x einer **Hyperebene** E im $\mathbb{R}^n$ sind durch eine Gleichung der Form

$$a \cdot x = b \qquad (8.6)$$

für einen Vektor $a \in \mathbb{R}^n$, den Spaltenvektor x und eine Konstante $b \in \mathbb{R}$ gegeben.

Ein **Halbraum** $H \subseteq \mathbb{R}^n$ besteht aus den Punkte $x \in \mathbb{R}^n$ mit

$$a \cdot x \leq b \qquad (8.7)$$

oder

$$a \cdot x \geq b \qquad (8.8)$$

und hat als Rand die Hyperebene (8.6). Die Hyperebene E trennt die Halbräume (8.7) und (8.8), so daß für Punkte $x, y \in \mathbb{R}^n$ mit $a \cdot x \leq b$ und $a \cdot y \geq b$ die **Strecke** (Kante)

$$\overline{xy} := \{ t \cdot x + (1-t) \cdot y \mid t \in \mathbb{R}, \ 0 \leq t \leq 1 \}$$

von x nach y mit E einen Punkt gemeinsam hat.

Eine Teilmenge G des $\mathbb{R}^n$ heißt *konvex*, wenn mit $x, y \in G$ auch die Strecke $\overline{xy}$ in G liegt. Die Hyperebenen und Halbräume sind konvex. Man überlegt sich leicht, daß der Durchschnitt endlich vieler konvexer Teilmengen des $\mathbb{R}^n$ wieder konvex ist.

Sei $|x| := (x \cdot x)^{1/2}$ der Abstand von $0 \in \mathbb{R}^n$ nach $x \in \mathbb{R}^n$. Die Teilmenge $G \subseteq \mathbb{R}^n$ ist *beschränkt*, falls es eine n-dimensionale *Kugel* $B^n := \{x \in \mathbb{R}^n \mid |x| \leq r\}$ vom Radius $r > 0$, $r \in \mathbb{R}$, gibt mit $G \subseteq B^n$.

Wir betrachten im folgenden nur beschränkte und konvexe Teilmengen $G \subseteq \mathbb{R}^n$, die der Durchschnitt endlich vieler Halbräume $H_1, \ldots, H_m$ mit

$$E := \{(x_1, \ldots, x_n) \in \mathbb{R}^n \mid x_i \geq 0, \ 1 \leq i \leq n\}$$
sind. Für die Punkte $x \in H_i$ gelte

$$R_i: \quad a_i \cdot x = \sum_{j=1}^n a_{ij} x_j \leq b_i \qquad (8.9)$$

mit $b_i \in \mathbb{R}^+ - \{0\}$ und einem Zeilenvektor $a_i = (a_{ij}) \in \mathbb{R}^n$, $a_{ij} \in \mathbb{R}^+$. Dann gilt

$$G = E \cap H_1 \cap \ldots \cap H_m = \{x \in E \mid A \cdot x \leq b\}, \qquad (8.10)$$
wobei $A = (a_{ij})$ die (m×n)-Matrix mit den Zeilen a_i und $b = (b_i)$ eine (m×1)-Matrix, der Spaltenvektor mit den Zeilenelementen b_i, ist. Das Zeichen $\leq$ in (8.10) soll jeweils zwischen den i-ten Zeilenelementen der Spaltenvektoren $A \cdot x$ und b gelten.

Ein System von Ungleichungen (8.9) ist nicht so einfach zu lösen wie ein Gleichungssystem. Deswegen führt man bei der *linearen Optimierung* in (8.9) zusätzliche Unbestimmte x_k, $n+1 \leq k \leq n+m$, ein und hat als

Nebenbedingungen $x_i \geq 0$ für alle i und Gleichungen

$$R_i: \quad (a_i + \delta_i) \cdot x = \sum_{j=1}^{n} a_{ij} x_j + x_{n+i} = b_i, \quad 1 \leq i \leq m. \qquad (8.11)$$

Hier ist $x \in \mathbb{R}^{n+m}$, $a_{ij} = 0$ für $j > n$ und $\delta_i = (\delta_{(n+i)j})$, wobei δ_{kj} das ***Kroneckersymbol***

$$\delta_{kj} := 0 \text{ für } k \neq j \text{ und } \delta_{jj} := 1$$

ist. Die zu optimierende ***Zielfunktion*** ist

$$Z := Z(x) = c \cdot x = \sum_{j=1}^{n+m} c_j x_j \quad, \quad c_j \in \mathbb{R}^+, \quad c_{n+1} = \ldots = c_{n+m} = 0. \qquad (8.12)$$

Um eine ***optimale Lösung*** $p_k \in G$ für Z unter den Neben-bedingungen (8.11) zu finden, untersucht man die Werte der Zielfunktion in den Ecken des Raumstücks

$$G := \left\{ x = (x_1, \ldots, x_{n+m}) \in \mathbb{R}^{n+m} \mid A \cdot x = b, \; x_i \geq 0 \text{ für } 1 \leq i \leq n+m \right\}.$$

Hier ist $A = (a_{ij} + \delta_{(n+i)j})$ eine $(m \times (n+m))$-Matrix und $b = (b_i)$ ein $(m \times 1)$-Spaltenvektor.

Zur Konstruktion von p_k verwendet man eine Iterat-tionsmethode und beginnt mit dem Vektor

$$p_1 := (0, \ldots, 0, b_1, \ldots, b_m) \in G. \qquad (8.13)$$

p_1 löst (8.11), ist im allgemeinen jedoch keine opti-male Lösung in G.

Bevor wir den Iterationsprozess angeben, erinnern wir daran, daß G beschränkt und konvex ist und somit die Zielfunktion Z(x) auf G beschränkt ist. Das heißt: Es existiert eine von G abhängige Konstante

$M = M_G \in \mathbb{R}^+$ mit $|Z(x)| \leq M$ für $x \in G$. Nach der ***Simplexmethode*** kann unter diesen Voraussetzungen und den bei (8.9), (8.11) und (8.12) angegebenen Bedingungen aus p_1 eine optimale Lösung $p_k \epsilon G$ konstruiert werden. Der theoretische Beweis hierzu kann in Judin-Gol'stejn 1968, Kapitel 7 nachgelesen werden.

Das *Simplexverfahren*, bricht nach endlich vielen Schritten mit einer optimalen Lösung p_k in II. ab. Step II. bis Step V. werden, falls erforderlich, iteriert. Wir schreiben in I. die Zahlen $a_{ij} + \delta_{(n+i)j}$, b_i, c_k aus (8.9), (8.11) und (8.12) in eine *Tafel*.

I.Tafel.

Für den Vektor p_1 berechnet man den Wert $a_{oo} := Z(p_1) = 0$, den Z-Wert an der Stelle p_1. Ferner ist $d_{(n+i)0} := b_i$, $\alpha_{0j} := -c_j$ und $d_{(n+i)j} := a_{ij}$ für $1 \leq i \leq m$, $1 \leq j \leq n$.

		$-x_1 \cdots$	$-x_j \cdots$	$-x_n$	$-x_{n+1} \cdots$	$-x_{n+i} \cdots$	$-x_{n+m}$
x_{n+1}	$d_{(n+1)0}$	$d_{(n+1)1}$	$d_{(n+1)j}$	$d_{(n+1)n}$	$1 \cdots$	$0 \cdots$	0
$\vdots$	$\vdots$	$\vdots$	$\vdots$	$\vdots$	$\vdots$	$\vdots$	$\vdots$
x_{n+i}	$d_{(n+i)0}$	$d_{(n+i)1}$	$d_{(n+i)j}$	$d_{(n+i)n}$	$0 \cdots$	$1 \cdots$	0
$\vdots$	$\vdots$	$\vdots$	$\vdots$	$\vdots$	$\vdots$	$\vdots$	$\vdots$
x_{n+m}	$d_{(n+m)0}$	$d_{(n+m)1}$	$d_{(n+m)j}$	$d_{(n+m)n}$	$0 \cdots$	$0 \cdots$	1
Z	a_{oo}	$\alpha_{01} \cdots$	$\alpha_{0j} \cdots$	α_{0n}	$0 \cdots$	$0 \cdots$	0

II.Optimalität.

Den Lösungsvektor $d_0 := (d_{(n+1)0} \cdots d_{(n+m)0})$ in der zweiten Spalte der Tafel in I. (oder in V.) untersucht man wie folgt auf *Optimalität*:

Sind in der letzten Zeile für $1 \leq k \leq n$ alle α_{0k} positiv, so ist der Lösungsvektor d_0 der zweiten Spalte optimal und das Verfahren wird mit $p_k := d_0$ abgebrochen.

Ist ein α_{0k} negativ, so ist d_0 nicht optimal und es ist eine (weitere) Iteration nach Step III. bis V. erforderlich:

III.Pivotspalte.

Sei e so gewählt, daß $\alpha_{0e} := \Lambda \{ \alpha_{0k} \mid 1 \leq k \leq n \}$ die kleinste der Zahlen α_{0k} ist. Es ist $\alpha_{0e} < 0$ und wir können annehmen, daß $d_{ke} > 0$ für ein k gilt. Die Spalte $-x_e$ heißt *Pivotspalte*.

IV.Pivotzeile.

x_f steht in der ersten Spalte und wird so ausgewählt, daß d_{f0}/d_{fe} den kleinsten Wert der d_{k0}/d_{ke} für alle k mit $d_{ke} > 0$ hat. Die Zeile x_f heißt *Pivotzeile* und das Element d_{fe} in der Pivotzeile und Pivotspalte heißt *Pivotelement*.

V.Tafeltransformation.

Man dividiert alle Elemente der Pivotzeile durch das Pivotelement d_{fe}. Dann subtrahiert man ein passendes Vielfaches der neuen Pivotzeile von den restlichen Zeilen der Tafel in I., um in der Pivotspalte lauter Nullen zu erhalten, außer einer 1 an der Stelle fe. Die neuen Elemente d'_{kj} , die nicht in der Pivotzeile liegen berechnen sich nach

$$d'_{kj} := d_{kj} - d_{fk} \cdot (d_{ke}/d_{fe}) \; , \; 0 \leq j \leq n+m. \qquad (8.15)$$

		$-x_1$ $\cdots$	$-x_e$ $\cdots$	$-x_n$	$-x_{n+1}\cdots$	$-x_f\cdots$	$-x_{n+m}$
x_{n+1}	$d'_{(n+1)0}$	$d'_{(n+1)1}\cdots 0$	$\cdots$	$d'_{(n+1)n}$	1	$\cdots d'_{1f}$	$\cdots$ 0
$\vdots$	$\vdots$	$\vdots$	$\vdots$	$\vdots$	$\vdots$	$\vdots$	$\vdots$
x_f	d'_{f0}	d'_{f1} $\cdots$	1	$\cdots$ d'_{fn}	0	$\cdots d'_{ff}$	$\cdots$ 0
$\vdots$	$\vdots$	$\vdots$	$\vdots$	$\vdots$	$\vdots$	$\vdots$	$\vdots$
x_{n+m}	$d'_{(n+m)0}$	$d'_{(n+m)1}\cdots 0$	$\cdots$	$d'_{(n+m)n}$	0	$\cdots d'_{mf}$	$\cdots$ 1
Z	a'_{oo}	α'_{01} $\cdots$ 0	$\cdots$	α'_{0n}	0	$\cdots \alpha'_{0f}$	$\cdots$ 0

Man vertauscht nun die Spalten von $-x_e$ und $-x_f$ und
ersetzt in der ersten Spalte x_f durch x_e. Ferner wird
für $s=a,\alpha,d$ jedes s' der Tafel durch s ersetzt.

Dann gehe man zu Step II. zurück.

Zusätzlich sei bemerkt, daß man die neu berechneten
Werte d'_{kf} und α'_{0f} praktischerweise gleich in die
Spalte $-x_e$ einträgt und sich deswegen das Hin-
schreiben der letzten m Spalten mit der mxm-Ein-
heitsmatrix sparen kann.

9 SPRACHEN UND MASCHINEN

Die Beschäftigung mit Computern hat zu neuartigen sprachlichen Gebilden, den **Programmiersprachen** $\mathscr{P}$, geführt. Sie sind primitiv und mangeln der Schönheit der menschlichen Sprachen, die natürlich gewachsen sind. Der zumeist englische Wortschatz von $\mathscr{P}$ ist klein. Man braucht oft länger als erwartet, bis man die erlernten Worte richtig verwenden kann.

Um „über" Sprachen zu reden, bedarf man einer **Meta**-sprache, die hier das gewöhnliche Deutsch sei. Zu einer Sprache gehören:

a) ein *Alphabet* A, dessen Buchstaben zum Beispiel über die Tastatur eines Computers eingegeben oder über einen Drucker ausgegeben werden,

b) eine *Syntax*, welche die Kombinierbarkeit der Buchstaben zu Worten oder Sätzen festlegt und grammatische oder Beweis-Regeln angibt,

c) eine *Semantik*, welche die Bedeutung von Worten und den Wahrheitswert von Sätzen festlegt.

<u>Beispiel 9.1</u>: In der Sprache der klassischen **Aussagenlogik** ist das Alphabet $F_o := \{x_i \mid i \in \mathbb{N}\}$ eine abzählbare Menge. Man erweitert das Alphabet durch die logischen Symbole $\vee$ oder, $\wedge$ und, $\neg$ nicht, $\rightarrow$ impliziert und durch Klammern, um **Sätze (Aussagen)** bilden zu können, die für $n \in \mathbb{N}_o$ rekursiv definiert sind durch
$$F_{n+1} := F_n \cup \{(\alpha \vee \beta), (\alpha \wedge \beta), (\alpha \rightarrow \beta), (\neg \alpha) \mid \alpha, \beta \in F_n\}.$$
Es ist $F = \cup \{F_n \mid n \in \mathbb{N}_o\}$ die Menge der Sätze. Semantisch berechnet man über die Boolesche Algebra $2 := \{0, 1\}$, wie in Kapitel 1 angegeben, die Wahrheitswerte von Sätzen: **wahr**$\equiv$1 oder **falsch**$\equiv$0. Formal sind dazu Bewer-

tungen $v\colon F\to 2=\{0,1\}$ gegeben, die auf F_o willkürlich
erklärt sind und für zusammengesetzte Sätze aus F_n
mit $n\in\mathbb{N}$, $\alpha,\beta\in F_{n-1}$ strukturerhaltend sind: $v(\alpha\lor\beta)=$
$v(\alpha)\lor v(\beta)$, $v(\alpha\land\beta)=v(\alpha)\land v(\beta)$, $v(\neg\alpha)=v(\alpha)'$ und $v(\alpha\to\beta)=$
$v(\alpha)'\lor v(\beta)$. Die Syntax benutzt Regeln, die wir in Ab-
schnitt 1 für einen direkten Beweis angegeben haben.
Als Axiome wählt man ein geeignetes System von Aus-
sagen-Formen (Tautologien) $\alpha_1,\dots,\alpha_{13}\in F$, für die
$v(\alpha_i)=1$, $1\leq i\leq 13$, gilt für alle Bewertungen v. Zum
Beispiel hat $\alpha_{12}:=(\alpha\land\neg\alpha)\to\beta$ für $\alpha,\beta\in F$ diese Eigenschaft. Logische Schlußfolgerungen macht man mit dem
modus ponens: Aus α und $\alpha\to\beta$ folgt β.
$\Psi\in F$ ist eine **Teilformel** von $\Upsilon\in\{\neg\Psi_1,\Psi_1\lor\Psi_2,\Psi_1\land\Psi_2,\Psi_1\to\Psi_2\}$
falls $\Psi=\Upsilon$ oder Ψ eine Teilformel von $\Upsilon_1\in F$ oder $\Upsilon_2\in F$
ist. Ein **Formelbaum** ist ein Wurzelbaum und hat
(i) an seinen Enden die Elemente aus F_o stehen, die
in Teilformeln von F_o auftreten,
(ii) an den Ecken, die nicht Enden sind, steht das
logische Zeichen, das die direkt unterhalb stehenden
Teilformeln miteinander verknüpft.

Ein Formelbaum von $(x_1\land(x_2\lor x_3))\lor(x_3\land x_4)$ ist:

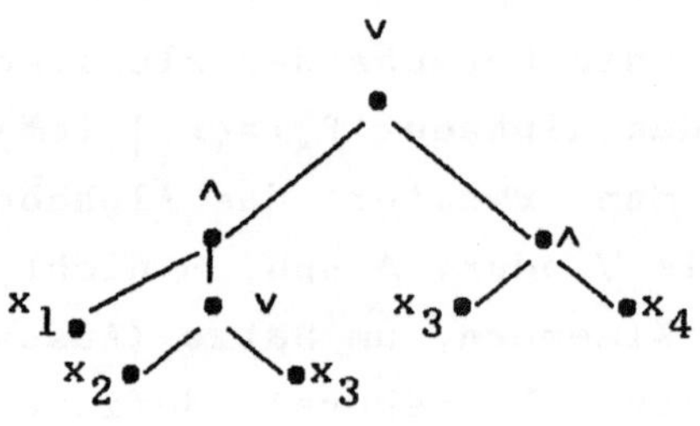

Bild 9.1

In Kapitel 6 haben wir für ein Alphabet A die
Menge der Worte oder **Strings** A^+ erklärt. Ein Wort

oder String $w \in \mathcal{A}^+$ ist eine Folge von Buchstaben, die ohne Zwischenraum aneinandergereiht sind, also $w = a_1 a_2 \ldots a_n$ mit $n \in \mathbb{N}$ und $a_i \in \mathcal{A}$ für alle i. Man nennt $\delta \in \mathcal{A}^+$, das keinen Buchstaben enthält, ein *leeres Wort*. Bei einer Sprache läßt man im allgemeinen nicht alle Elemente aus $\mathcal{A}^+$ als sinnvolle Worte zu.

Eine *generative Sprache* $\mathcal{S}$ hat ein endliches System $P_\mathcal{A}$ von Syntaxregeln, mit deren Hilfe man die von $P_\mathcal{A}$ erzeugte Sprache $\mathcal{S} \subseteq \mathcal{A}^+$ aus dem endlichen Alphabet $\mathcal{A}$ aufbaut. Die Worte aus $\mathcal{S}$ heißen *korrekt*. Die Regeln $p \in P_\mathcal{A}$ nennt man auch *Produktionen*.

(a) Es ist nützlich, die Regeln unter Verwendung eines Hilfsalphabets $\mathcal{C}$, den *dummy variables* $\alpha \in \mathcal{C}$, zu formulieren. Man benötigt zum Beispiel ein *Start-symbol* $\sigma \in \mathcal{C}$. Sei $\mathcal{B} := \mathcal{A} \cup \mathcal{C}$.

(b) Geht man von einem schon konstruierten Hilfswort $w_1 = a_1 \ldots a_n \in \mathcal{B}^+$ nach einer Regel $p \in P_\mathcal{A}$ über zu dem Wort $w_2 = b_1 \ldots b_m \in \mathcal{B}^+$, so schreibt man $w_1 \rightarrow w_2$. Um Verwechslungen zu vermeiden, muß $\rightarrow \notin \mathcal{B}$ gelten.

(c) Eine *Ableitung* (oder auch Produktion) eines Wortes $w \in \mathcal{S}$ ist eine endliche Folge von Produktionen, die w aus $\mathcal{A}$ aufbaut. Man kann diese Ableitung auch umgekehrt zu einer Wort- oder Satzanalyse von w benutzen.

Die *Länge* $l(w)$ eines Wortes $w = a_1 \ldots a_n \in \mathcal{A}^+$, das aus n Symbolen aufgebaut ist, ist n. Es sei erwähnt, daß im ersten Beispiel bei einer Produktion, wie $w = \alpha \wedge \beta \in F_{n+1}$ aus $\alpha, \beta \in F_n$, die runden Klammern von $\alpha \wedge \beta := (\alpha \wedge \beta)$ nichts zur Wortlänge $l(w) := l(\alpha) + l(\beta) + 1$ beitragen. Klammern dienen nur der rekursiv-eindeutigen Schreibweise.

Oft wird verlangt, daß die Produktionen nicht verkürzend sind, das heißt, durch jedes $p \in P_\mathcal{A}$ werden

Worte der Länge n in Worte der Länge m$\geq$n überführt.
Für solche Sprachen kann man rekursiv entscheiden, ob
ein Element w=a$_1$...a$_n$ aus A^+ zur Sprache $\mathcal{Y}$ gehört
oder nicht. Eine dumme, aber immer funktionierende
Methode ist: Man schreibe alle Ableitungen auf, die
Worte der Länge n liefern. Es gibt für festes n wegen
der Endlichkeit von A und P$_A$ höchstens endlich viele
nichtverkürzende Ableitungen.

<u>Beispiel 9.2</u>: Sei A:=$\{a,b\}$, $\mathcal{E}$:=$\{\sigma\}$ und P gegeben
durch die Regeln p$_1$: $\sigma{\rightarrow}a\sigma b$, p$_2$: $\sigma{\rightarrow}ab$. Eine Ableitung
von w=a^{3}b^3 ist: $\sigma{\rightarrow}a\sigma b{\rightarrow}a^2\sigma b^2{\rightarrow}a^3b^3$. w ist also ein
korrektes Wort in der durch P aus A erzeugten
Sprache.

   Wichtig sind (generative) *Kontextsprachen*, bei
denen jede Regel die Form einer *Substitution*
p: aτb${\rightarrow}$acb für a,b,c$\in\mathcal{B}$ und $\tau\in\mathcal{E}$, $\tau\neq\delta$, hat. Man substituiert hier c für τ. Das zugehörige Tupel (A,$\mathcal{E}$,σ,P$_A$)
heißt eine *Kontextgrammatik*.
   Die Syntax vieler Programmiersprachen wird in der
(erweiterten) *Backus-Naur Form*, EBNF, einer Kontext-
grammatik, geschrieben. Hierbei ist $\{::=,|,< >\}\subseteq A$ und
$\mathcal{E}$:=$\{\sigma,\eta.\tau,\xi\}$. Das Symbol ::= bedeutet „ist definiert
als", das Symbol | bedeutet „oder" und die Klammern
< > schließen Namen ein. Eine EBNF-Produktion (oder
Ableitung) für „program" kann so aussehen:

```
<program>::= PROGRAM
             <declaration>
         BEGIN
             <statement sequence>
         END.
```

Die Semantik einer Programmiersprache steuert über
die Zustandsänderungen eines Computers die Bedeutung
der einfachen oder zusammengesetzten Worte wie „IF
...THEN" der Sprache und regelt dadurch ihre Wirkung.
Die Syntax wird oft in *Flußdiagrammen* dargestellt.
Wir erwähnen ein

<u>Beispiel 9.3</u>: Syntaxdiagramme für 'block' oder 'pro-
gram' sind in der Programmiersprache Pascal

block

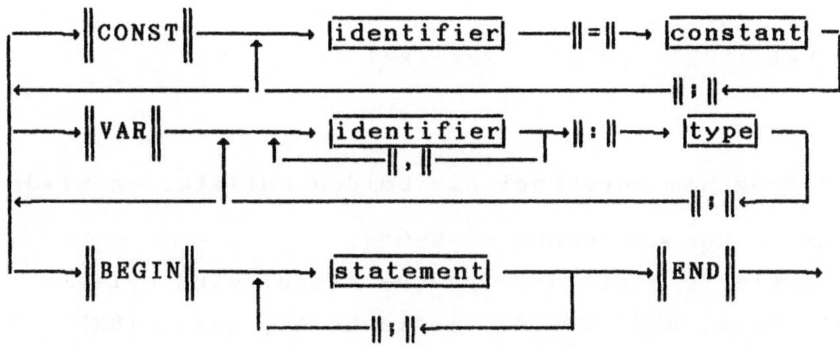

program

wobei wir aus Platzgründen identf für identifier ge-
schrieben haben. Für eine genaue Erläuterung der
Diagramme, die hier nur als Anschauungsmaterial
dienen, verweisen wir auf Pascallehrbücher.
Die mit Parallelen links und rechts eingerahmten
Worte sind *reservierte* Worte der Programmiersprache,

die nicht substituiert werden. Die Worte in Recht-
ecken gehören der englischen Metasprache an und
werden in einem Programm substituiert. Ein Beispiel:

```
PROGRAM roots(input,output);

VAR d,x1,x2: real;

BEGIN
   d:=1+4*6;
   x1:=(1+sqrt(d))/2;
   x2:=(1-sqrt(d))/2;
   writeln(' x1=',x1,'    x2=',x2)
END.
```

Das Programm berechnet die beiden Nullstellen $x1=3$
und $x2=-2$ der Gleichung $x^2-x-6=0$.

Reservierte Worte der Sprache Pascal sind bei-
spielsweise „AND" für das logische $\wedge$, „IF...THEN"
für $\rightarrow$, „NOT" für $\neg$ und „OR" für $\vee$. Bei „real" bearbeitet der Computer reelle Zahlen x, bei „sqrt(x)"
zieht er die Wurzel aus $x \geq 0$, bei „a*b" multipliziert
er die Zahlen a und b und bei dem Befehl „writeln..."
schreibt er das Ergebnis der Berechnung so auf den
Bildschirm: x1=3   x2=-2
Zur Verdeutlichung von ausgedruckten Leerstellen
schreiben wir # für eine Leerstelle. Im Programm
selbst steht dann: writeln('#x1=',x1,'###x2=',x2) und
im Bildschirmausdruck steht #x1=3###x2=-2.

Eine **Programmiersprache** $\mathcal{P}$ soll Algorithmen klar und
lesbar beschreiben können. Ihre **Programme**, als Folge
von statements (Anweisungen) aus $\mathcal{P}$ sollen von einem

Computer verarbeitet werden können. Neue Worte, die man wie Grundworte in $\mathcal{G}$ verwenden kann, sollen in der Sprache $\mathcal{G}$ definierbar sein. $\mathcal{G}$ soll strukturiertes Programmieren erlauben, so daß man ein komplexes „program" aus „procedures" aufbauen kann. Die procedures sind selbständig arbeitende Teilprogramme, die einen Input (Daten) verarbeiten und einen Output (Ergebnis) liefern. Programme sollen auf Fehlerfreiheit getestet werden können. Die Sprache soll rekursiv sein, das heißt, Prozeduren sollen sich selbst aufrufen können.

Flußdiagramme, die wir im Beispiel 9.3 für 'block' und 'program' angegeben haben, werden in allgemeiner Form in der *Kybernetik* eingeführt.

Wir wenden uns nun dem Thema „abstrakte Maschinen" zu. Turing idealisierte Maschinen und gab eine universelle Maschine an, die alles das berechnen kann, was ein Computer berechnen kann. Im Anhang befindet sich hierzu ein Pascalprogramm „TURINGMA".
Wir beschreiben die nach ihm benannte gewöhnliche nicht-universelle *Turingmaschine* durch ein Quintupel $[A,S,\mu,\sigma,\tau]$ mit einem starren Lesekopf und beweglichen Band, auf das die Ein- und Ausgabe geschrieben wird (Bild 9.2).
Hier ist A die endliche Menge der Symbole für die Ein- und Ausgabe auf dem Band, S ist die endliche Menge interner Zustände der Maschine, $\mu\!:\!S\!\times\!A\!\to\!S$ ist die Überführungsfunktion der Zustände, $\sigma\!:\!S\!\times\!A\!\to\!A$ ist die Ausgabefunktion und $\tau\!:\!S\!\times\!A\!\to\!\{L,R,STOP\}$ die Bewegungsfunktion des Bandes.
Das Band der Maschine hat eine Besonderheit: es ist

unendlich lang, in Felder aufgeteilt, und kann von
links nach rechts und von rechts nach links bewegt
werden.

Band

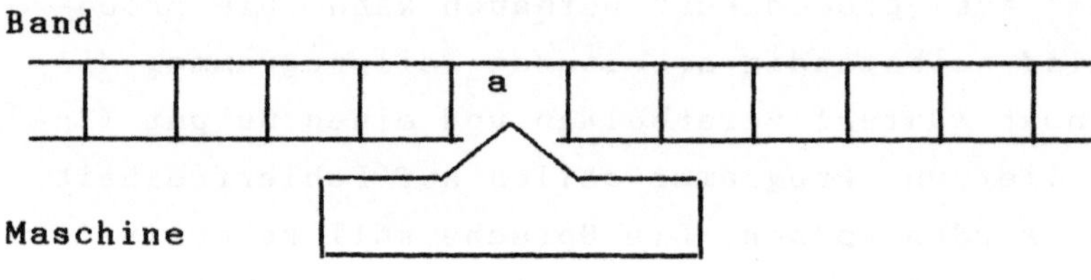

Bild 9.2

Auf dem Band stehe ein Eingabestring $w \in A^+$, -auf
einem Feld steht höchstens ein Symbol. Die Turingmaschine startet in einem Zustand $s_j \in S$, dem *Anfangs-
zustand*. und liest ein Eingabesymbol $a \in A$ auf dem
Band. Dies ergibt durch die Funktionen μ und σ einen
neuen Zustand $s_r := \mu(s_j, a)$ und ein Ausgabesymbol
$z := \sigma(s_j, a)$. Das Symbol a wird gelöscht und an seiner
Stelle wird das Symbol z geschrieben. Die Funktion τ
bewirkt für $x := \tau(s_j, a)$ eine Bandbewegung um ein Feld
nach links (rechts) für $x=L$ $(x=R)$ und stoppt bei
$x=STOP$.

Bis der Eingabestring, und gegebenenfalls weitere
Information abgearbeitet ist, liest die Maschine das
nächste Eingabesymbol des Eingabestrings und wieder-
holt die vorher beschriebenen Operationen.

<u>Beispiel 9.4</u>: Die folgende Turingmaschine addiert
einen Eingabestring zweier nicht-negativer ganzer
Zahlen n und m. Das Alphabet ist $A := \{0,1\}$, das Hilfs-
alphabet ist $C := \{\#\}$. Eine Zahl $n \in \mathbb{N}_o$ wird durch n+1
aufeinanderfolgende Einsen 1 auf dem Band dargestellt

und die zwei aufeinanderfolgende Zahlen n und m werden durch eine 0 getrennt. Das Symbol # (blank) steht
für ein leeres Feld. Die Beschreibung (Programm) der
Turingmaschine ist

$$s_0 \# s_0 \# L$$
$$s_0 1 s_1 1 L$$
$$s_1 1 s_1 1 L$$
$$s_1 0 s_2 1 L$$
$$s_2 1 s_2 1 L$$
$$s_2 \# s_3 \# R$$
$$s_3 1 s_4 \# R$$
$$s_4 1 s_5 \# STOP$$

Bei der universellen Turingmaschine U gibt man
zuerst auf dem Band der Maschine U ein Programm der
zu simulierenden Turingmaschine M ein und danach
die Daten des zu bearbeitenden Problems. Eine universelle Turingmaschine kann auf einem Computer program-
miert werden. Deswegen akzeptiert man allgemein die
Durchführbarkeit jedes effektiven Algorithmus auf
einem Computer, -vorbehaltlich der üblichen Einschränkungen an Rechenzeit, Speicherkapazität und der
Schwierigkeit, ein fehlerfreies getestetes Programm
zu erstellen.

CHURCH THESE:
    Jeder Algorithmus kann als ein Programm
    für eine Turingmaschine betrachtet werden.

Die Menge $\mathfrak{B}$ der berechenbaren reellen Zahlen aus
Definition 9.5 ist ein Unterkörper von $\mathbb{R}$, der alle
rationalen, alle sogenannten algebraischen Zahlen und
die gewöhnlich in der Analysis gebrauchten reellen
Zahlen, wie e oder π, enthält.

<u>DEFINITION 9.5</u>: *Eine reelle Zahl x heißt **berechenbar**, wenn es einen Algorithmus gibt, nachdem man für jedes $n \in \mathbb{N}$ in einer endlichen Anzahl von Schritten einen Dualbruch $k/2^r$, $k \in \mathbb{Z}$, $r \in \mathbb{N}_o$, berechnen kann, so daß $(x-(k/2^{r-n})) < 2^{-n}$ gilt.*

<u>SATZ 9.6</u>: *Es gibt nicht berechenbare reelle Zahlen.*

-Denn die Menge der Sätze (Worte) endlicher Länge ist bei einem endlichen Alphabet (durch $\mathbb{N}$) abzählbar. Also ist die Menge $\mathcal{B}$ abzählbar. $\mathbb{R}$ selbst ist jedoch nicht abzählbar, was man zum Beispiel so einsieht:

<u>**CANTORSCHES DIAGONALVERFAHREN**</u>:
Man schreibe die reellen Zahlen $x \in (0,1) := \{ x \in \mathbb{R} \mid 0 < x < 1 \}$ als unendliche, nicht-abbrechende Dezimalbrüche $0, x_1 x_2 \ldots x_i \ldots$. Angenommen, diese Menge ist abzählbar, also

$$(*) \quad (0,1) = \{ z_1, z_2, \ldots, z_n, \ldots \}$$

gilt mit

$$z_1 = 0, x_{11} x_{12} \ldots x_{1n} \ldots$$
$$z_2 = 0, x_{21} x_{22} \ldots x_{2n} \ldots$$
$$\vdots$$
$$z_n = 0, x_{n1} x_{n2} \ldots x_{nn} \ldots$$
$$\vdots$$

Dann ist $y := 0, y_1 y_2 \ldots y_n \ldots$ mit $y_i := 1$ für $x_{ii} = 0$ und $y_i := x_{ii} - 1$ für $x_{ii} > 0$ ein Dezimalbruch in $(0,1)$, der mit keinem der z_n übereinstimmt, im Widerspruch zur Annahme $(*)$.

10 FORMALE BEGRIFFSANALYSE

Mit der formalen Begriffsanalyse kann man für
Datenkontexte Begriffssysteme bestimmen und diese
übersichtlich darstellen.

Beispiel 10.1: In der Biologie will man die Säugetiere ordnen: Katzen, Affen, Menschen, Mäuse,
Schweine, Hunde, Pferde, Esel, Kühe,...

Man überlegt sich, daß ein Objekt „Katze" durch
Attribute festgelegt ist. Axiomatisiert man einen
Kontext mengentheoretisch, so braucht man also zwei
Mengen, die Menge G der Objekte oder Gegenstände des
Kontextes und die Menge M ihrer Attribute oder Merk-
male. Es muß ferner eine Relation $I \subseteq G \times M$ angegeben
werden mit $(g,m) \in I$ [$(g,m) \notin I$], falls das Merkmal m
auf das Objekt g [nicht] zutrifft.

DEFINITION 10.2: *Ein Kontext ist ein Tripel (G,M,I)
von Mengen G,M und einer Relation $I \subseteq G \times M$. Die Elemente von G (M) heißen die **Gegenstände** (**Merkmale**)
des Kontextes. Das Merkmal $m \in M$ trifft genau dann
auf $g \in G$ zu, wenn $(g,m) \in I$ gilt.*

Wir schreiben wie früher **gIm** für $(g,m) \in I$.
Die Gegenstände eines Kontextes können verschieden,
-nach zeitlichen, hierarchischen oder Präferenzen-
Gesichtspunkten,- geordnet werden. Die mengentheore-
tische Inklusion wird verwendet, um **Oberbegriffe**, wie
Säugetiere, zu (Unter-)**Begriffen**, wie Pferd, fest-
zulegen.

<u>DEFINITION 10.3</u>: *Eine **Ordnung** auf einer Menge G ist*
eine Relation $\leq\subseteq G\times G$ mit den Eigenschaften
reflexiv: $a\leq a$,
antisymmetrisch: $a\leq b$, $b\leq a$ implizieren $a=b$ und
transitiv: $a\leq b$, $b\leq c$ implizieren $a\leq c$.

Auf einer Potenzmenge $\mathbb{P}(X)$ ist die Teilmengenbeziehung $A\subseteq B$ für $A,B\in\mathbb{P}(X)$ eine Ordnung. Die natürliche Ordnung $x\leq y$ für reelle Zahlen $x,y\in\mathbb{R}$ ist eine
Ordnung im Sinne von Definition 10.3 mit der Eigenschaft

$$x\leq y \text{ oder } y\leq x \text{ für alle } x,y\in\mathbb{R} \qquad (10.1)$$

Ordnungen mit der zusätzlichen Eigenschaft (10.1)
heißen *lineare Ordnungen* oder *Ketten*. Bus- oder Zug-
fahrpläne eines Landes sind im allgemeinen zeitlich
nichtlinear angeordnet.

Endliche Ketten sind von der Form $x_1<\ldots<x_i<\ldots<x_n$.
Daß unendliche Ketten kompliziert sein können, sieht
man an dem folgenden

<u>Beispiel 10.4</u>: Im reellen Einheitsintervall
$$[0,1]:=\left\{x\in\mathbb{R}\mid 0\leq x\leq 1\right\}$$
sei $A_1:=[0,1/3]\cup[2/3,1]$ und
$A_2:=([0,1/9]\cup[2/9,1/3])\cup([2/3,7/9]\cup[8/9,1])$.
Für $a,b\in\mathbb{R}$ mit $a\leq b$ sei
$$[a,b]:=\left\{x\in\mathbb{R}\mid a\leq x\leq b\right\} \text{ und } (a,b):=[a,b]-\{a,b\}.$$

$A_{n-1}\subseteq[0,1]$, bestehend aus 2^{n-1} disjunkten Teilintervallen, sei so konstruiert, daß die abgeschlossenen
Teilintervalle von A_{n-1} paarweise durch Weglassen des
mittleren Drittels $((2/3)a+(b/3),(1/3)a+(2/3)b)$ eines

Teilintervalls [a,b] von A_{n-2} entstehen. Dann sei $A_n \subseteq [0,1]$ die Menge der 2^n disjunkten Teilintervalle, die paarweise aus den Teilintervallen [a,b] von A_{n-1} durch Weglassen von ((2/3)a+(b/3),(a/3)+(2/3)b) entstehen. Die **Cantormenge** C ist der Durchschnitt aller A_n. C ist eine Kette, hat aber sehr merkwürdige Eigenschaften. Zum Beispiel befindet sich zwischen je zwei Zahlen aus C ein r∈ℝ-C.

Bevor wir die graphische Darstellung einer Ordnung erläutern, diskutieren wir ein weiteres

<u>**Beispiel 10.5**</u>: Ein Betrieb bewertet seine Mitarbeiter M in Tabelle I mit Effektivitätsnoten 1,...,6 für die Leistung in Job $\mathcal{A},\mathcal{B},\mathcal{C},\mathcal{D}$. Die Mitarbeiter werden in Gruppen mit gleichen Job-Leistungen zusammengefaßt. Man ordnet die Mitarbeitergruppen x,y so an, daß $x \leq y$ gilt, falls die Mitarbeitergruppe y in allen Jobleistungen schlechter als die Gruppe x ist.

Tabelle I

J \ M	A	B	C	D	E	F	G	H	I	J	K	L	M	N	O	P	Q	R	S	T	U	V	W
$\mathcal{A}$	2	1	3	1	2	2	3	2	2	1	1	2	1	3	1	1	2	3	3	1	3	3	1
$\mathcal{B}$	4	2	4	1	2	2	4	2	2	2	2	1	5	2	2	2	2	5	5	1	5	4	2
$\mathcal{C}$	3	2	3	1	1	1	5	1	1	1	2	1	1	3	1	2	1	5	4	1	3	5	1
$\mathcal{D}$	1	2	4	1	1	2	6	2	1	1	1	1	1	6	2	2	2	6	6	1	6	4	1

Die Mitarbeitergruppen sind a:=$\{D,M,T\}$,b:=$\{J,W\}$,c:=$\{K\}$,d:=$\{E,I,L\}$,e:=$\{O\}$,f:=$\{A\}$,g:=$\{B,P\}$,h:=$\{F,H,Q\}$, p:=$\{C\}$,q:=$\{N,U\}$,r:=$\{V\}$,s:=$\{S\}$,t:=$\{G\}$,u:=$\{R\}$. Der zugehörige Kontext (G,M,I) ist gegeben durch die Mitarbeitergruppen

$$G := \{a,b,c,d,e,f,g,h,p,q,r,s,t,u\},$$

die Merkmale,die als Viertupel von Effektivitätsnoten
angegeben werden,

$$M := \{(1111),(1211),(1221),(2211),(1212),(2431),(1222),$$
$$(2212),(3434),(3536),(3454),(3546),(3456),(3556)\}$$

und die offensichtliche Inzidenzrelation $I \subseteq G \times M$. Jeder
Gegenstand hat genau ein Merkmal.

Wir beschreiben nun die graphische Darstellung
einer endlichen Ordnung $(G; \leq)$ durch *Hasse Diagramme:*
Zwei Punkte $x,y \in G$ werden in der Ebene so gezeichnet,
daß y oberhalb x liegt, falls $x \leq y$ gilt. Die Punkte x
und y heißen *benachbart*, falls $x \leq y$ gilt und $x < z \leq y$ für
$z \in G$ impliziert $z = y$. Hier benutzen wir die Schreibweise $x < z$ für $x \leq z$ und $x \neq z$. Benachbarte Punkte werden
im Hasse Diagramm durch eine Strecke verbunden.

Die Ordnung in Beispiel 10.5 hat das folgende Hasse
Diagramm:

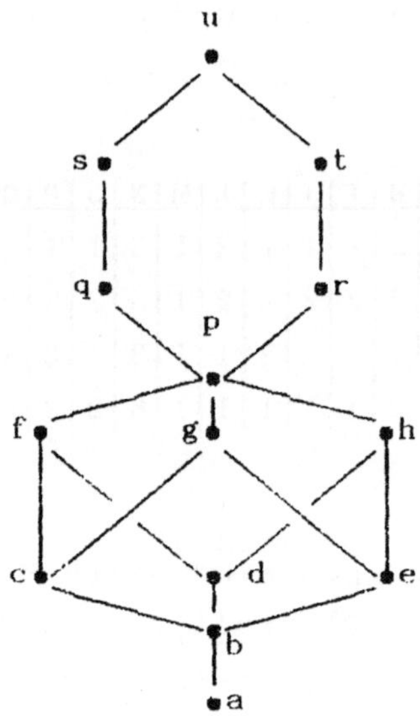

Bild 10.1

<u>Beispiel 10.6</u>: Die Vokale im Deutschen seien durch 10
Merkmale beschrieben. Der Kontext (G,M,I) besteht
aus

$$G := \{a, \bar{a}, e, \bar{e}, i, \bar{i}, o, \bar{o}, u, \bar{u}\},$$

wobei wir Umlaute weglassen. Sei
$M_1 := \{niedrig, \ hoch, \ hinten, \ rund, \ gespannt\}$.
Die Merkmale seien

$$M := M_1 \cup \{\neg x \mid x \in M_1\}$$

Die Inzidenzrelation gIm zwischen Objekten g und
Merkmalen m ist in Bild 10.2 durch ein Kreuz im
Kästchen gm dargestellt.

I	ni	¬ni	ho	¬ho	hi	¬hi	ru	¬ru	ge	¬ge
a	×			×	×			×		×
ā	×			×	×			×	×	
e		×		×		×		×		×
ē		×		×		×		×	×	
i		×	×			×		×		×
ī		×	×			×		×	×	
o		×		×	×		×			×
ō		×		×	×			×	×	
u		×	×			×		×		×
ū		×	×			×		×	×	

Bild 10.2

Um diesem Kontext ein Hasse Diagramm zuordnen zu

können, definieren wir für Kontexte (G,M,I) allgemein
den „Begriffsverband" $\mathfrak{B}(G,M,I)$.

Sei (G,M,I) ein Kontext. Die Abbildungen
$':\mathbb{P}(G)\to\mathbb{P}(M)$ und $':\mathbb{P}(M)\to\mathbb{P}(G)$
sind für $A\in\mathbb{P}(G)$ und $B\in\mathbb{P}(M)$ definiert durch
$A':=\{m\in M\mid gIm$ gilt für alle $g\in A\}$ und
$B':=\{g\in G\mid gIm$ gilt für alle $m\in B\}$.
Es gilt $A\subseteq A''$, $B\subseteq B''$ und $X\subseteq Y$ impliziert $Y'\subseteq X'$ für
$X,Y\in\mathbb{P}(Z)$, $Z\in\{G,M\}$. Der Beweis hierzu ist einfach.

DEFINITION 10.7: *Ein Begriff des Kontextes (G,M,I)*
ist ein Paar (A,B) mit $A\subseteq G$, $B\subseteq M$, $A'=B$ und $B'=A$. A
heißt der Umfang (Extension) und B der Inhalt (In-
tension) des Begriffs (A,B). Die Menge der Begriffe
sei $\mathfrak{B}(G,M,I)$. Die Ordnungsrelation $\leq$ auf $\mathfrak{B}(G,M,I)$
ist gegeben durch $(A,B)\leq(C,D)$ falls $A\subseteq C$ gilt.

Der Begriffsverband $\mathfrak{B}(G,M,I)$ von Beispiel 10.6 ist
kompliziert. Künstlerische Beispiele dieser Art kann
man in Wille 1987 finden.

Sei P eine Ordnung und $A\subseteq P$. Eine *obere (untere)*
Schranke von A ist ein Element $x\in P$ mit $a\leq x$ $(x\leq a)$ für
alle $a\in A$. Existiert zu A eine kleinste obere (größte
untere) Schranke c mit $c\leq x$ $(x\leq c)$ für alle oberen
(unteren) Schranken x von A, so nennen wir c das *Sup-*
remum (Infimum) von A und schreiben für dieses Ele-
ment $\bigvee A$ $(\bigwedge A)$. Ist $A=\{a,b\}$, so schreiben wir $a\vee b$ $(a\wedge b)$
für das Supremum (Infimum) von a und b. Ein *Verband* L
ist eine Ordnung, in der $a\vee b$ und $a\wedge b$ für alle $a,b\in L$

existiert. L heißt **vollständig**, falls VA und ΛA für
alle A⊆L existieren.

Bild 10.1 ist ein Verband. Jede Kette und jede Potenzmenge ist ein Verband. Die Hasse Diagramme I-III
in Bild 10.3 sind Verbände, IV ist kein Verband.

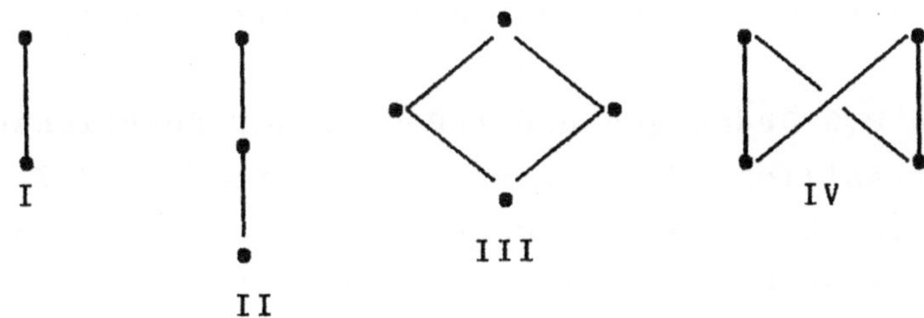

Bild 10.3

Für Elemente x,y eines Verbands L gilt x≤y genau
dann, wenn x=x∧y oder y=x∨y gilt. In L gelten die
Gesetze der Assoziativität, Kommutativität und Absorption, die wir in Kapitel 1 für Mengen formuliert
haben. Die idempotenten Gesetze für x∈L zeigt man
durch zweifache Anwendung der Absorption:

x∨x=x∨(x∧(x∨x))=x und x∧x=x∧(x∨(x∧x))=x.

Verbände sind im allgemeinen nicht distributiv: In
Bild 10.1 sind r,s,t nicht distributiv, da

$$r∨(s∧t)=r≠t=(r∨s)∧(r∨t)$$

gilt.

<u>SATZ 10.8</u>: *Der Begriffsverband* 𝔅(G,M,I) *eines Kon-*
textes (G,M,I) *ist ein vollständiger Verband.*

<u>Beweis</u>: Sei 𝐴⊆𝔅(B,M,I) und $𝐴=\{(A_k,B_k) \mid k∈K\}$.

Für $X \in \{A,B\}$ schreiben wir $\cap_{k \in K} X_k$ für den mengentheoretischen Durchschnitt der X_k, $k \in K$. Man rechnet nach, daß

$$V \mathcal{A} = ((\cap_{k \in K} B_k)', \cap_{k \in K} B_k) \quad \text{und} \quad \wedge \mathcal{A} = (\cap_{k \in K} A_k, (\cap_{k \in K} A_k)')$$

gilt. C' ist hier die vor Definition 10.7 beschriebene Funktion ', angewandt auf $C \subseteq Z$ mit $Z \in \{G,M\}$.

Seien P,Q Ordnungen und $f: P \to Q$, $g: Q \to P$ Funktionen. f heißt *antiton*, falls $x \leq y$ impliziert $f(x) \geq f(y)$. Das Paar (f,g) heißt *Galoiskorrespondenz*, wenn f und g antiton sind und $x \leq g \circ f(x)$ für alle $x \in P$ und $u \leq f \circ g(u)$ für alle $u \in Q$ gilt. Die Elemente von $g(Q) \subseteq P$ und $f(P) \subseteq Q$ heißen *abgeschlossen*. Da $f \circ g \circ f = f$ und $g \circ f \circ g = g$ gilt, erfüllen die abgeschlossenen Elemente die Gleichung $x = g \circ f(x)$ oder $u = f \circ g(u)$. Das **Hauptproblem für Galoiskorrespondenzen** ist die

Kennzeichnung der abgeschlossenen Elemente.

Die vor Definition 10.7 für einen Kontext (G,M,I) angegebenen Eigenschaften der Abbildungen ' besagen, daß das Paar $(',')$ eine Galoiskorrespondenz zwischen $\mathbb{P}(G)$ und $\mathbb{P}(M)$ ist. Die abgeschlossenen Elemente $A \in \mathbb{P}(G)$ und $B \in \mathbb{P}(M)$ treten als die ersten, beziehungsweise zweiten Komponenten der Begriffe des Kontextes (G,M,I) auf.

Von besonderer Bedeutung sind Galoiskorrespondenzen in der Theorie der Körper. Ein *Automorphismus* eines Galoisfeldes K ist eine bijektive, strukturerhaltende Abbildung $\sigma: K \to K$. Für σ gilt $\sigma(0)=0$, $\sigma(1)=1$, $\sigma(a+b)=\sigma(a)+\sigma(b)$, $\sigma(-a)=-\sigma(a)$, $\sigma(a \cdot b)=\sigma(a) \cdot \sigma(b)$ und $\sigma(a^{-1})=\sigma(a)^{-1}$. Die Menge der Automorphismen wird mit der Komposition von Abbildungen versehen eine Gruppe, die

Automorphismengruppe G=AUT(K) von K. *Fixpunkte* von $\sigma \in G$ sind Punkte $x \in K$ mit $\sigma(x)=x$. Es existiert eine Galoiskorrespondenz (f,g) zwischen $\mathbb{P}(K)$ und $\mathbb{P}(G)$ mit $f(C):=\{\sigma \in G \mid \sigma(c)=c$ für alle $c \in C\}$ für $C \in \mathbb{P}(K)$ und $g(H):=\{x \in K \mid \sigma(x)=x$ für alle $\sigma \in H\}$ für $H \in \mathbb{P}(G)$. Es ist $g(H)$ die Fixpunktmenge von H. Die abgeschlossenen Elemente $f(C)$ sind Untergruppen von G, da $\sigma,\mu \in f(C)$ impliziert $c=\sigma^{-1} \circ \sigma(c)=\sigma^{-1}(c)$ und $\sigma \circ \mu(c)=\sigma(c)=c$ für alle $c \in C$, also $\sigma^{-1}, \sigma \circ \mu \in f(C)$ gilt. Für die abgeschlossenen Elemente $g(H)$ gilt $0,1 \in g(H)$, da $\sigma(0)=0$ und $\sigma(1)=1$ für alle σ gilt. Ferner folgt aus $x,y \in g(H)$, daß $\sigma(-x)=-\sigma(x)=-x$, $\sigma(x^{-1})=\sigma(x)^{-1}=x^{-1}$ für $x \neq 0$ und $\sigma(x+y)=\sigma(x)+\sigma(y)=x+y$, $\sigma(x \cdot y)=\sigma(x) \cdot \sigma(y)=x \cdot y$ für alle $\sigma \in H$ gelten. Somit sind die $g(H)$ Unterkörper von K.

In Kapitel 5 hatten wir die regulären Pflasterungen der Ebene mit regelmäßigen n-Ecken untersucht und erwähnt, daß dieses Problem auf der Kugeloberfläche $S^2=\{x \in \mathbb{R}^3 \mid |x|=1\}$ anders zu behandeln ist. Sei ein $n \in \mathbb{N}-\{1,2\}$ fest gewählt. S^2 sei mit regelmäßigen n-Ecken F_i, $i=1,\ldots,r$, gepflastert. Verbindet man die Ecken $P_{i1},\ldots,P_{in}$ von F_i mit Kanten $\overline{P_{ij}P_{i(j+1)}}$ in $\mathbb{R}^3$ und ersetzt F_i durch das ebene, konvexe n-Eck E_i, das von dem (Kanten-)Kreis $\overline{P_{i1}P_{i2}}, \overline{P_{i2}P_{i3}}, \ldots, \overline{P_{i(n-1)}P_{in}}$, $\overline{P_{in}P_{i1}}$ berandet wird, so ist $P:=E_1 \cup \ldots \cup E_r$ ein (konvexes, 2-dimensionales) *reguläres Polyeder*: P ist der Rand einer konvexen, beschränkten Teilmenge $G \subseteq \mathbb{R}^3$ und besteht aus deckungsgleichen, 2-dimensionalen, regelmäßigen n-Ecken. Je zwei n-Ecke haben höchstens eine

Kante oder eine Ecke gemeinsam. Man kann G auch als
konvexer, beschränkter Durchschnitt endlich vieler,
geeignet gewählter Halbräume des $\mathbb{R}^3$ darstellen.

Mit der Notation von (5.1) Seite 48 gilt für P
$$(n-2)(k-2)<4,$$
wobei an jeder Ecke k regelmäßige n-Ecke zusammen-
stoßen. Die Lösungen (n,k) sind (3,3),(3,4),(4,3),
(3,5),(5,3).

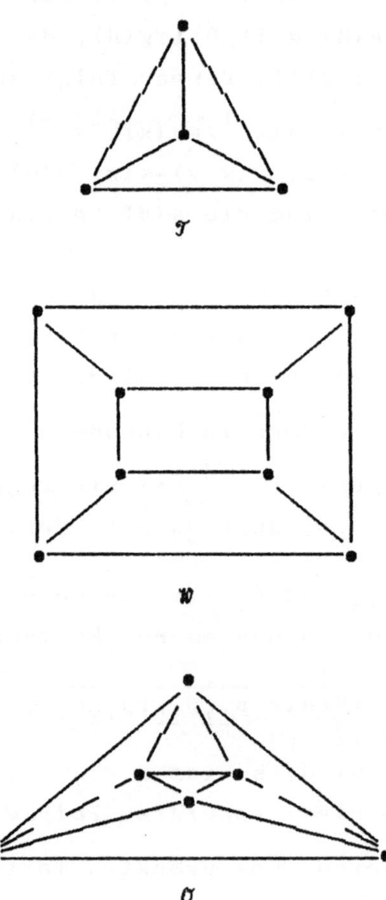

Bild 10.4

Man benutze in der folgenden Übung, daß die
einzigen regulären Pflasterungen $\mathcal{P}$ von S^2 durch die
fünf *platonischen Körper*: *Tetraeder* $\mathcal{T}$ (3,3), *Würfel* $\mathcal{W}$
(4,3), *Oktaeder* $\mathcal{O}$ (3,4), *Dodekaeder* $\mathcal{D}$ (5,3) und *Ikosaeder* $\mathcal{I}$ (3,5), gegeben sind.

Bei den planaren Graphen von $\mathcal{P}=\mathcal{T},\mathcal{W},\mathcal{O},\mathcal{D},\mathcal{I}$ in Bild
10.4 und 10.5 ist ein n-Eck Δ weggelassen worden,
dessen Kanten und Ecken den Rand von $\mathcal{P}-\Delta$ in Bild 10.4
und 10.5 bilden.

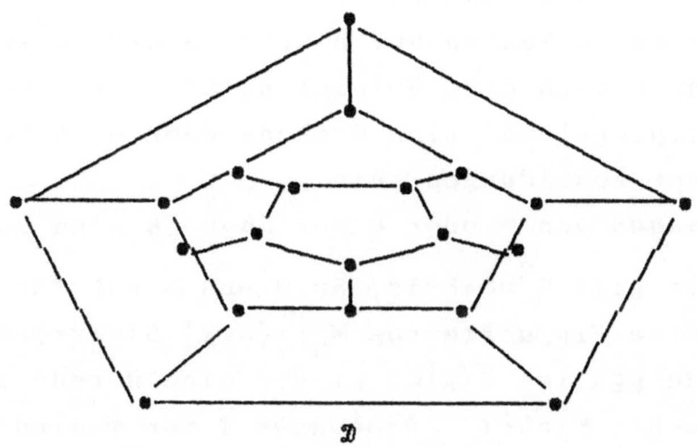

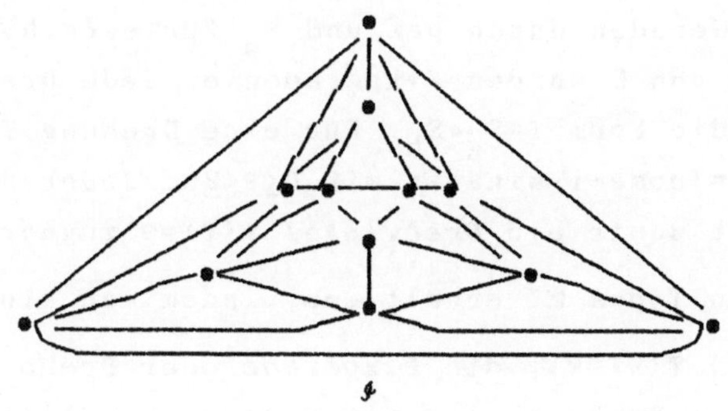

Bild 10.5

<u>Übung</u>: Man stelle einen Kontext und seinen Begriffs-
verband für die Pflasterungen der Kugeloberfläche mit
regelmäßigen n-Ecken auf. Man benutze dazu relevante
Gegenstände und Begriffe der folgenden Diskussion:

Der Begriff *Symmetrie* beinhaltet eine Gleichheit
(Deckungsgleichheit) von Teilen des geometrischen
Objekts $\mathcal{P}$.

Die räumlichen Objekte $\mathcal{P}=\mathcal{T},\mathcal{W},\mathcal{O},\mathcal{D},\mathcal{I}$ haben viele
Arten von Symmetrien, die man am besten über die
Symmetrietransformationen S von $\mathcal{P}$, -das sind bijek-
tive Abbildungen von $\mathcal{P}$ auf sich, so erklärt:

Jedes S soll abstandserhaltend sein, Ecken in
Ecken, Kanten in Kanten und n-Ecke in n-Ecke von $\mathcal{P}$
überführen. S kann eine Spiegelung an einer Ebene,
eine Punktspiegelung, eine Drehung oder eine Komposition solcher Abbildungen sein.

Spiegelungen von $\mathcal{P}$ oder einer Ebene E sind involutorisch, es gilt $S^2=S\circ S=id$, $S\neq id$ und S hat für $X=\mathbb{R}^3$
oder X=E eine *Fixpunktmenge* $M_S:=\{x\in X\mid S(x)=x\}\neq\emptyset$; für
eine Gerade $g\subseteq X$ ist $S(g)\subseteq X$ wieder eine Gerade und S
erhält „rechte Winkel". *Drehungen* T von $\mathcal{P}$ sind zyk-
lisch: $T^k=id$ gilt für ein $k\in\mathbb{N}$.

In der Gaußschen Zahlenebene $\mathbb{C}$ seien g,h zwei verschiedene Geraden durch $p\in\mathbb{C}$ und S_e für $e\in\{g,h\}$ die
Spiegelung von $\mathbb{C}$ an der Fixgeraden e. Jede Drehung T
von $\mathbb{C}$ hat die Form $T=S_g\circ S_h$. Für eine Drehung T um 0
gilt $T(z):=(\cos\theta+i\cdot\sin\theta)\cdot z$ mit $0\leq\theta<2\pi$. Jeder Drehung
T von $\mathbb{C}$ ist somit ein *Drehwinkel* $\theta(T)=\theta$ zugeordnet.

Drehungen T des $\mathbb{R}^3$ erhält man, indem man eine Gerade $g=\{x\in\mathbb{R}^3\mid T(x)=x\}$, die *Fixgerade* oder Drehachse von
T, und einen Drehwinkel θ mit $0\leq\theta<2\pi$ auswählt; jede
Ebene E senkrecht zu g wird durch $T|_E$ um den Punkt

Formale Begriffsanalyse 103

$E \cap g$ und um den Winkel θ gedreht.

Man überlegt sich, daß die Menge $\mathcal{S}_{\mathcal{P}}$ der Symmetrietransformationen S,T von $\mathcal{P}$ mit der Komposition T∘S, den Umkehrabbildungen S^{-1} und mit der Identität id eine Gruppe $(\mathcal{S}_{\mathcal{P}}; \circ, ^{-1}, \mathrm{id})$ bildet.

Die **Ordnung** einer endlichen Gruppe $\mathcal{S}$ ist $|\mathcal{S}|$. Die Ordnungen von $\mathcal{S}_{\mathcal{P}}$ sind für $\mathcal{P}=\mathcal{T},\mathcal{W},\mathcal{O},\mathcal{D},\mathcal{J}$ gleich 24,48, 48,120,120.

11 TAXONOMIE

Bei einer *Taxonomie* oder Klassifikation K liegt ein
Kontext (G,M,I) vor. G ist die Menge der Objekte, für
die eine Taxonomie durchgeführt wird. M ist die Menge
der relevanten Merkmale der Organisation, Ähnlichkeit
oder Strukturiertheit der Objekte. Die Relation gIm
gilt genau dann, wenn das Merkmal $m \in M$ auf den
Gegenstand $g \in G$ zutrifft.

Die Merkmale dienen dazu, die oft unüberschaubare
Anzahl von Gegenständen in **minimale Klassen** $K(G) \subseteq \mathbb{P}(G)$
aufzuteilen. Man verlangt, daß K(G) eine Partition
von G ist, also jedes Element $g \in G$ zu einer Klasse
gehört und die Klassen $k \in K(G)$ nichtleer und paarweise
disjunkt sind. Die Auswahl der Klassen erfolgt so,
daß sie übersichtlich und realitätsbezogen die wichtigen Strukturiertheiten der Elemente von G unter den
Merkmalen M darstellen.

Man verwendet statistische Methoden und Algorithmen
zur Erstellung von K(G) und beschreibt oder veran-
schaulicht K(G) durch Tabellen oder durch Graphen.

Für die Graphen sind Wurzelbäume, die auch räumlich
gezeichnet werden, besonders wichtig. Beispiele sind
die bekannten Graphen zu Darwins Evolutionstheorie
oder von Stammbäumen, um die biologischen Nachkommen
darzustellen. Solche Graphen nennt man *Dendogramme*.

In Bild 11.1 ist ein gemischtes Dendogramm und
Phänogramm für die Klassen $A':=\{h,k,w\}$, $B':=\{t,u,v\}$
und die Klassen $A:=\{h,k\}$, $B:=\{t,u,v,w\}$ von $G:=
\{h,k,t,u,v,w\}$ gezeichnet.

Die äußere Gesamtähnlichkeit der Gegenstände wird
in nicht-biologischen Kontexten in einem *Phänogramm*

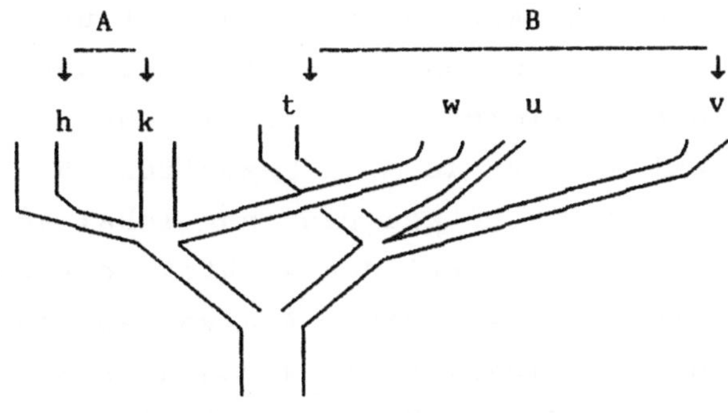

Bild 11.1

dargestellt, -phänetisch sei in Bild 11.1 w den
Elementen t,u,v ähnlicher als h,k. Zum Beispiel ist
das Säugetier „Wal" den Fischen ähnlicher als den
Hunden und Katzen. Phänogramme werden zur Darstellung
von Ähnlichkeiten, die nicht notwendig über gemeinsame, biologische Vorfahren gehen, benutzt.

In Bild 11.2 sind die Dendo- und Phänogramme D,P
von Bild 11.1 einzeln dargestellt.

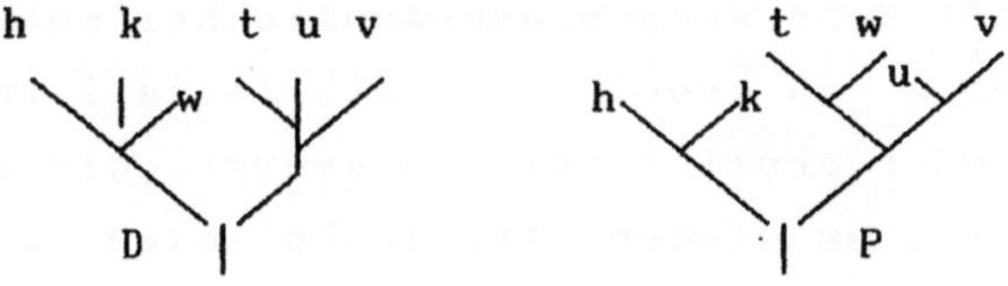

Bild 11.2

Eine Taxonomie sollte die Originaldaten oder deren
Quellen, sowie Fehlerabschätzungen, Streuung und die
Güte ihrer Voraussagekraft angeben. Sie beruht auf
den Resultaten einer Untersuchung, wie einer *Clusteranalyse* oder einer Ordination: Man suche nach einer
optimalen Methode, die eine kostensparende Durch-

führung und bequeme Anwendung verspricht und eine
natürliche und gute Organisation des gegebenen
Kontextes (G,M,I) liefert. Man vergleiche verschiedene Analysen für (G,M,I) bezüglich ihrer Güte
und beachte, daß manche Analysen nur lokal gut sind
und Merkmale von M verschieden wichtig sein können.
Iterative Verbesserungen einer Analyse von (G,M,I)
erhält man durch Relokalisierung gewisser Elemente
$g \in G$. Man führt zu diesem Zweck manchmal lokale oder
gewichtete Parameter ein.

Eine gebräuchliche Clustermethode ist

SAHN : sequentiell, agglomerativ, hierarchisch,
            nicht-überlappend.

Zur Klassifikation des Kontextes (G,M,I) werden
Merkmale der Ähnlichkeit oder Unähnlichkeit der Ge-
genstände von $G = \{1, \ldots, n\}$, $n \in \mathbb{N}$, benutzt. Für die Originaldaten werden über Abstandsmaße Berechnungen der
Ähnlichkeit von $i, j \in G$ durchgeführt. Diese Daten stehen in einer oft sehr großen nxn-**Ähnlichkeitsmatrix**
$A := (a_{ij})$, wobei $a_{ij} = 0$ oder $a_{ij} = 1$ ist, falls i zu j
nicht ähnlich oder ähnlich ist. Es genügt, die Ele-
mente a_{ij} mit $i \leq j$ anzugeben. Ähnlichkeitsmaße sind
gegeben durch sogenannte Korrelationen, Transforma-
tionen, Abstände, Wahrscheinlichkeiten oder Assozia-
tionen. Die Beschreibung dieser Vielzahl von Begriffen führt hier zu weit und kann in Büchern über Statistik, Wahrscheinlichkeitsrechnung oder Clusteranalyse (Sneath and Sokal 1973) nachgelesen werden. Man
beachte, daß der Bereich G manchmal durch neugefun-
denes Material A zu $G_1 := G \cup A$ erweitert wird oder daß
die Merkmale durch neue Information zu M_1 mit $M \subseteq M_1$

erweitert wird. Die Analyse sollte also erweiterbar
sein und Voraussagekraft für neues Material besitzen.

Die Algorithmen der Clusteranalyse sind entweder
iterativ zusammenfassend (*agglomerativ*) oder sie
teilen die Klassen weiter auf oder sie geben das
ganze hierarchische System $H(G) \subseteq P(G)$ gleichzeitig,
wie in einer Gravitationsverteilung, an.

Der wichtigste Punkt ist nun die Auswahl der
Merkmale und der Ähnlichkeitsbedingungen. Es ist zu
beachten, daß diese Daten durch den benutzten Algorithmus bearbeitbar sein müssen. Ferner ist zu be-
denken, daß verschiedene Algorithmen verschiedene
Ergebnisse liefern. Taxonomisch eindeutige und be-
deutsame Gliederungen sollten aber mit jeder Methode
erhalten werden.

Bei großen Datenmengen muß auch die Berechenbarkeit
und die Rechengenauigkeit berücksichtigt werden.

Man bestimmt zuerst (iterativ) die mengentheoretisch minimalen Einheiten $K(G)$, aus denen die Elemente der *Hierarchie $H(G) \subseteq P$*(G) durch Vereinigungsbildung
aufgebaut werden. Es ist zu beachten, daß die Auf-
teilung von G in Klassen oft nur „fast" genau möglich
ist, da manchmal $g \in G$ ein für $k \in K(G)$ charakteristi-
sches Merkmal nicht besitzt. (Zum Beispiel besitzen
manche Vögel keine Flügel.)

Kleinere Elemente von $H(G)$ werden zu hierarchisch
höherstehenden *Clustern* zusammengefaßt. Dies kann

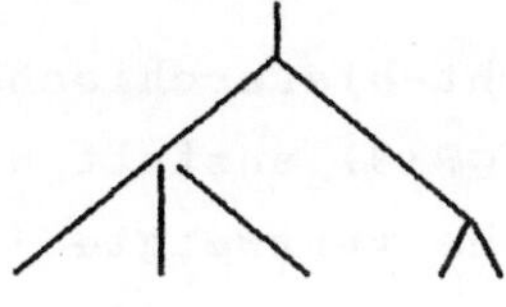

Bild 11.3

disjunktiv *nicht-überlappend* oder überlappend geschehen. Im ersten Fall sind die Elemente von H(G)
ineinander enthalten oder disjunkt. (Bild 11.3).

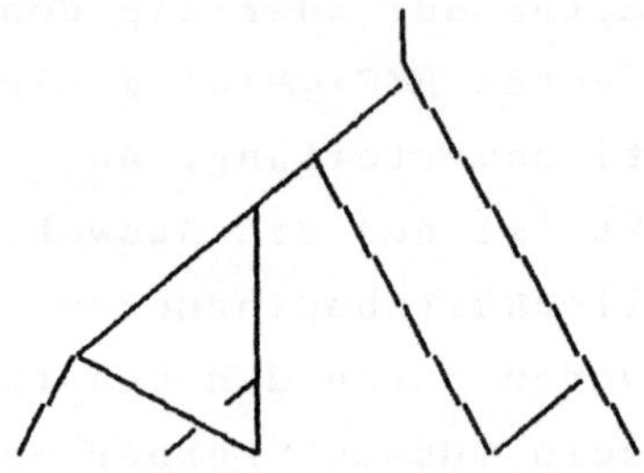

Bild 11.4

Im zweiten Fall, der biologisch kaum verwertet wird,
können im Graphen kleinere Elemente mehreren hierarchisch höherstehenden angehören. (Bild 11.4).

Haben die Elemente von H(G) einen taxonomischen
Abstand, das heißt, sind zusätzlich Rangfunktionen
oder Wahrscheinlichkeiten für den Kontext (G,M,I)

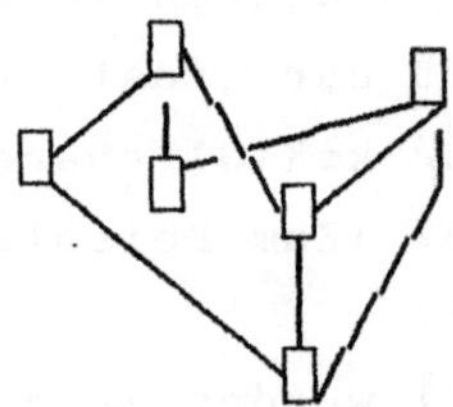

Bild 11.5

erklärt, so werden oft nicht-hierarchische, nicht-
überlappende Systeme NH(G)⊆P(G) anstatt H(G) verwendet. NH(G) kann auch eine verzweigte (nested)
Hierarchie sein und wird durch wurzellose Graphen
dargestellt. (Bild 11.5).

Die Cluster von H(G) werden *sequentiell* aufgebaut.
Sie können eine gewisse Streuung, Lücken oder Gräben
zwischen ihren hierarchisch niedrigeren Teilen haben,
sollen jedoch zusammenhängend sein, eine gewisse kom-
pakte oder dichte Gestalt haben und um ein möglicherweise nur berechnetes, nicht notwendig real existie-
rendes Zentrum angeordnet sein. Sie sollen mit einer
Dimension (Durchmesser oder Radius) versehen sein.
(Bild 11.6).

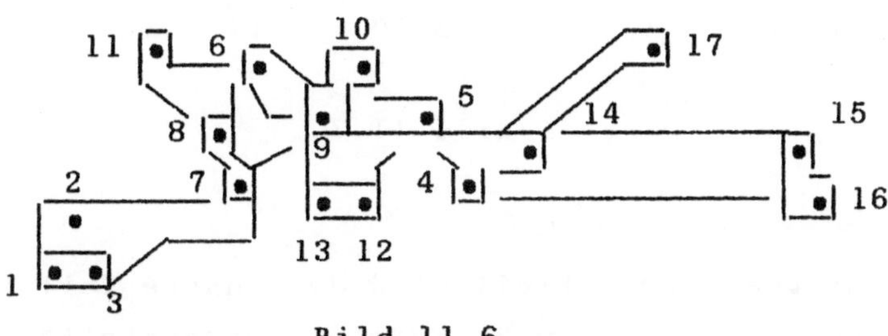

Bild 11.6

Die schwarzen Punkte sind die kleinsten Cluster,
also die Elemente von K(G). Ein dual-sequentieller
(*Linkage*) *Cluster* für Bild 11.6 ordnet hierarchisch
die Elemente {1,...,17} von K(G) nach direkten Nach-
barn bzw nach maximal entfernten Elementen an. (Bild
11.7). Die hierarisch höheren Cluster sind:
1∪3, 4∪14, 7∪8, 9∪10, 12∪13, 15∪16; 1∪2∪3, 6∪9∪10;
5∪6∪9∪10;
5∪6∪7∪8∪9∪10;
5∪6∪7∪8∪9∪10∪12∪13;
4∪5∪6∪7∪8∪9∪10∪12∪13∪14;
4∪5∪6∪7∪8∪9∪10∪11∪12∪13∪14;
1∪2∪3∪4∪5∪6∪7∪8∪9∪10∪11∪12∪13∪14;
1∪2∪3∪4∪5∪6∪7∪8∪9∪10∪11∪12∪13∪14∪17 und G.

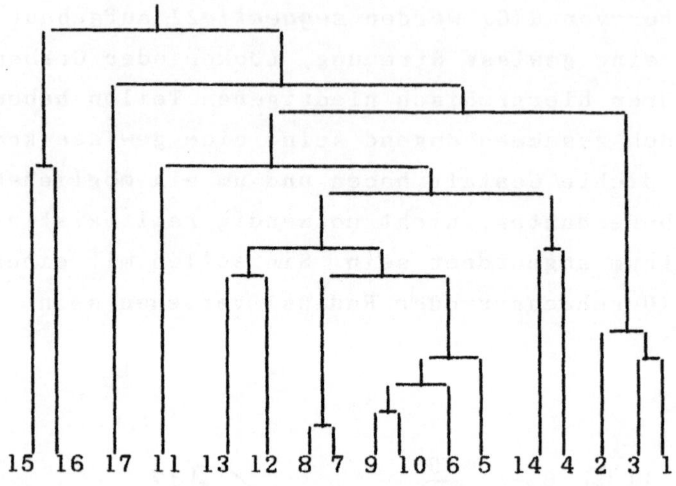

Bild 11.7

Nicht dual-sequentiell wird der innere Teil 9,10,
6,5 von Bild 11.6 zum Beispiel so dargestellt:

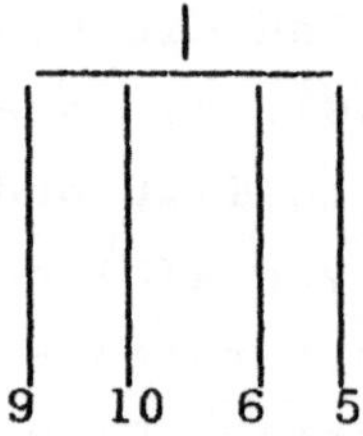

Bild 11.8

<u>Übung</u>: Man überlege sich eine Schul-Taxonomie für
verschiedene Länder und berücksichtige relevante
Faktoren der Art: die kognitiven, affektiven und
konativen Fähigkeiten der Schüler, die Kapazität der
Lehrer und der Mentoren der Schüler, den Lernstoff,

dessen Inhalt und die Methoden der Wissensvermitt-
lung, die Lernleistungen der Schüler und die Bedürf-
nisse der Länder an zukünftigen Wissensspezialisten.

Man wähle eine minimale Anzahl solcher relevanter
Faktoren aus.

Bei kontinuierlichen Daten muß die *Korrelation* sehr
genau bekannt sein, wenn man multivariante Abstandsmaße berechnen will.

Zu den statistischen Methoden geben wir zwei einfache, nicht der Taxonomie entstammende Beispiele an.

Beispiel 11.1: In der xy-Ebene trage man auf der x-
Achse und y-Achse die Tagestemperaturen vom Bodensee
und vom Säntis ab und man untersuche, ob ein linearer
Zusammenhang zwischen den gemessenen x- und y-Werten
besteht. Seien (x_i, y_i) die gegebenen Punktepaare mit

$1 \leq i \leq n$. Man berechnet die arithmetischen Mittel $\bar{z} =$
$\sum_{i=1}^{n} z_i / n$ für $z \in \{x, y\}$. Ein Maß für den linearen Zusammenhang der x- und y-Werte wird durch den *Korrela-
tionskoeffizienten*

$$r := \left(\sum_{i=1}^{n} (x_i - \bar{x})(y_i - \bar{y}) \right) / \left(\sum_{i=1}^{n} (x_i - \bar{x})^2 \sum_{i=1}^{n} (y_i - \bar{y})^2 \right)^{\frac{1}{2}}$$

gegeben. Ein Wert wie $r = 0{,}9$ bestätigt einen linear-
kontinuierlichen Zusammenhang der x- und y-Werte.

Beispiel 11.2: An einem Test nehmen die Personen
$G := \{g_1, \ldots, g_r\}$ teil. Sie werden nach äquidistanten
Testnoten $M := \{n_o, \ldots, n_s\} \subseteq \mathbb{N}$ in Klassen $K(G) :=$
$\{k_1, \ldots, k_s\} \subseteq \mathbb{P}(G)$ mit gleichem Testergebnis aufge-
teilt. Es sei $c := |n_i - n_{i-1}|$ für alle i. Ein in der

Ebene gezeichnetes *Blockdiagramm* des Testverlaufs hat
s nebeneinanderliegende Blöcke $b_1,\ldots,b_s$ der waag-
rechten Breite c und ein Block b_i hat die Höhe $|k_i|$.

Blockdiagramme wie in Beispiel 11.2 haben ein
ähnliches Aussehen wie die *Binomialverteilung* in
Bild 11.9:

Es ist $y=f(x):=\begin{bmatrix} n \\ i \end{bmatrix}$ für $i-1<x\leq i$ mit $i\in\{1,\ldots,n\}\subseteq\mathbb{N}$.

Im Anhang befindet sich ein Pascalprogramm „BINOM-
VER", das die Binomialverteilung für kleine n berechnet.

Experimentell erhält man diese Verteilung so:
Das *Galtonbrett* besteht aus einem rechteckigen Holz-
brett, in dem sich Nägelreihen a_{ij}, $1\leq i\leq n$, $1\leq j\leq n$
befinden, wobei die Nägel $a_{ij}, a_{i(j+1)}, a_{(i+1)(j+1)}$ die
Ecken eines gleichseitigen Dreiecks sind. Man stellt
das Galtonbrett senkrecht an einer Wand auf und füllt
oben in der Mitte Kugeln ein, die zwischen den Nägeln
durchfallen können. In den unten angebrachten Käst-
chen j zwischen $a_{n(j-1)}$ und a_{nj}, $(a_{no}<a_{n1})$, fängt man
die Kugeln wieder auf. Die Anzahl k_j der Kugeln im

Kästchen j stimmt approximativ mit $\begin{bmatrix} n \\ j \end{bmatrix}$ überein.

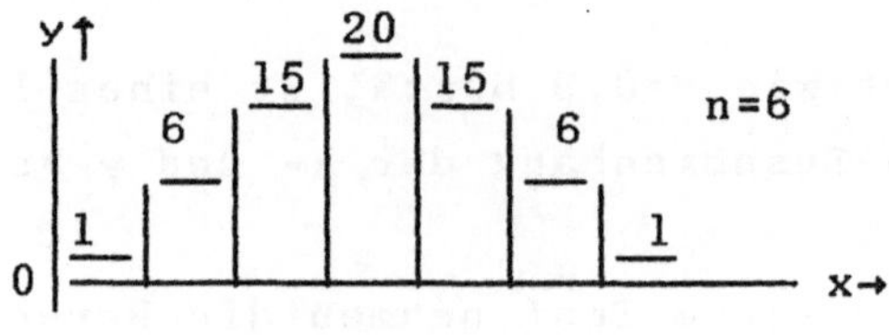

Bild 11.9

12 KYBERNETIK

Die *Kybernetik* ist ein Wissenschaftsprinzip, das geregelte, kontrollierte, informationsverarbeitende Systeme analysiert. Ein „Computer" wird im einfachsten Fall kybernetisch in einem Flußdiagramm (Bild 12.1) als eine „black box", die einen Input aufnimmt, verarbeitet und einen Output liefert, dargestellt.

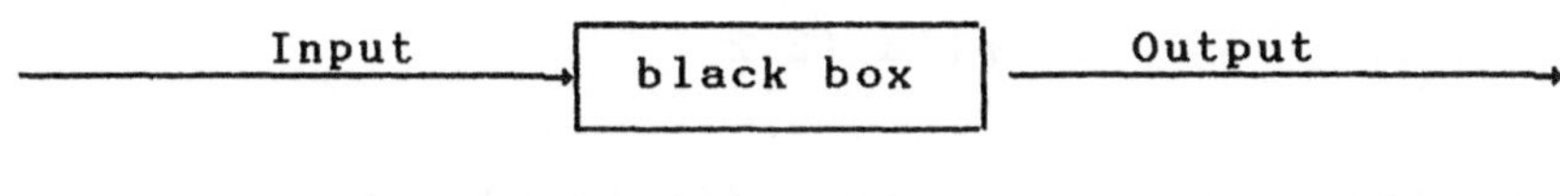

Bild 12.1

In diesem Kapitel wird die kybernetische Methode auf visuelle, biologische und akustische Vorgänge angewandt.

<u>Beispiel 12.1</u>: Bei der Musteranalyse wird auf dem Computer die hohe Kapazität des menschlichen, optischen Systems, Muster einer Bildfolge zu erkennen, nachgeahmt.

Man benötigt hierzu eine *symbolische Beschreibung* S des Musters, eine *Liste der wichtigen Teile* des Musters und eine *Beschreibung*, wie sich in der Bildfolge das Muster ändert.

Man muß die Daten mit Hilfe einer *Methodenbank* Mb *vorverarbeiten* und relevante Merkmale extrahieren.

Die Methodenbank enthält auch eine *Klassifikation komplexer Muster*, die man in *einfache Muster* zerlegt.

Die *Daten* M des so bearbeiteten *konkreten Musters*

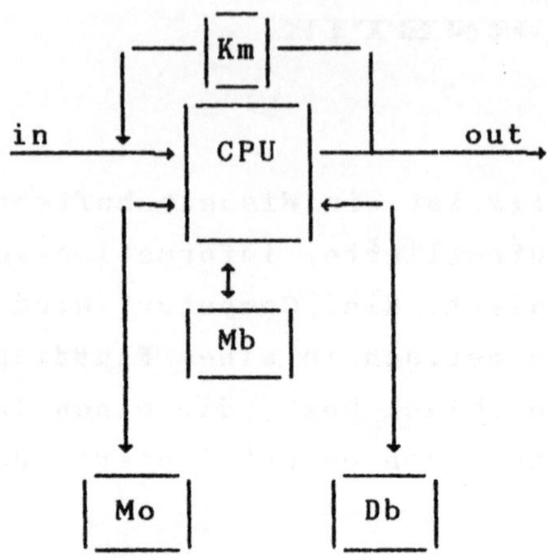

Bild 12.2

werden als extensionaler Teil (Instanz) eines Begriffs B zusammen mit neugewonnenem „Wissen" in einer
Datenbank Db abgespeichert. Die Art der Darstellung
ist dabei für die automatische, algorithmische Wei-
terverarbeitung wichtig. Man benötigt ferner

(a) *computerinterne Modelle* Mo, die den intentio-
nalen Teil K (Konzepte) von B bilden und Information
über M und den zu M gehörenden Kontext enthalten,

(b) einen *Kontrollmodul* Km, der während der Musteranalyse Entscheidungen ausübt. Hierzu ist der A^{*}-Kon-
trollalgorithmus von Sagerer 1985 geeignet.

Gegeben ist dabei ein Suchbaum, in dem man algo-
rithmisch nach einem optimalen Pfad sucht. Die Aus-
wertung der Daten erfolgt entweder auf ein vorgegebenes Zielkonzept K hin oder man sucht zu einer
gegebenen Instanz M ein geeignetes Modell K. Über
Produktionen, die ähnlich wie in Kapitel 9 eingeführt werden, macht man IF...THEN-Schlußfolgerungen.
Als Ausgabe erhält man einen Film der Muster der

Bildfolge.

Außer kybernetischen Flußdiagrammen verwendet man
in der Musteranalyse D-Graphen als *assoziative Netz-
werke*, deren Kanten mit den Worten gen, nt oder st
markiert sind. gen heißt Generalisierung und nt (st)
heißt notwendiger (semantischer) Teil eines Konzepts.
In den Ecken des D-Graphen stehen die Teile (Muster)
des Konzepts. „Objekt" ist eine Generalisierung von
„Uhr". Der „Zeiger" ist ein semantischer Teil der
„Uhr", da er intuitiv zur Uhr gehört.

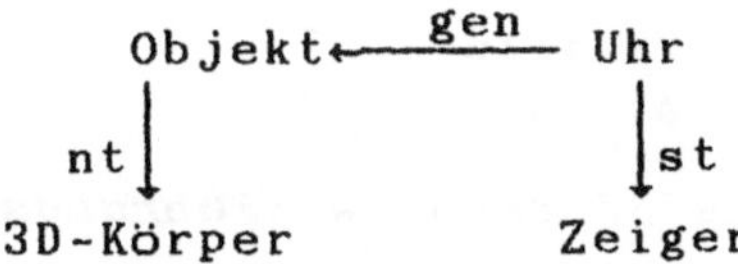

Bild 12.3

Notwendige Teile von K sind Voraussetzungen, um
über K reden zu können. Geometrisch ist ein „3D-
Körper" ein notwendiger Teil eines „Objekts".

Beispiel 12.2: Bei der *Regelungstechnik* wird eine
Größe t wie Temperatur, Drehzahl oder Spannung fort-
laufend erfaßt und ein Vergleich D von t mit einem
als günstig erkannten Wert w (Führungsgröße) durchgeführt. Die Abtastung wird kontinuierlich oder diskret
vorgenommen. D wird beim Regelungsvorgang benutzt, um
entgegen allen Störgrößen eine Angleichung von t an w
zu erreichen.

Ein einfacher Regelkreis sei für die Dampfheizung
eines Raumes beschrieben:

Der Dampfzugang zur Heizung des Raumes enthält ein
Ventil y als *Stellgröße*, das auf- und zugedreht

werden kann. Als *Regelgröße* (*Istwert*) fühlt ein Sen-
sor x die Raumtemperatur längs einer *Regelstrecke* S
und überträgt *Störgrößen* z „zu kalt", „zu warm" durch

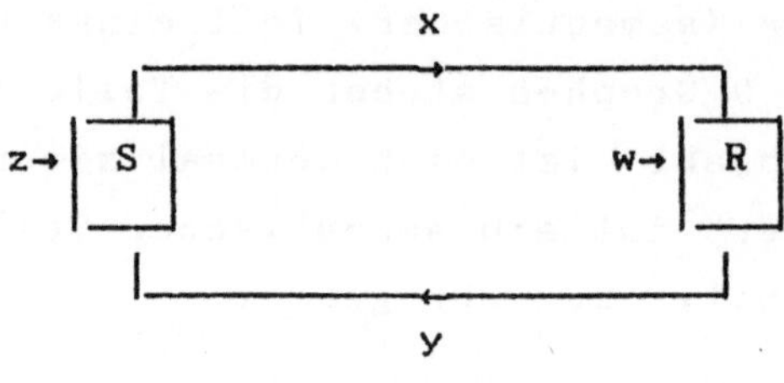

Bild 12.4

Federdruck auf eine Schraube w (*Führungsgröße*) als
Sollwert-Einsteller, die ihrerseits über den Hebel-
druck eines Kraftschalters (*Regler* R) das Ventil y so
auf- oder zudreht, daß die Raumtemperatur konstant
bleibt.

Meistens ist die Güte eines Zweipunktreglers, bei
dem man nur die Endpunkte (Ein-Aus) der Stellgröße y einstellen kann, ausreichend.

Als Alphabet verwenden wir im dritten Beispiel die
Buchstaben A,...,Z und die abkürzenden Bezeichnungen
der Worte aus dem zugehörigen Wortverzeichnis. Die
Buchstaben werden funktionell-kybernetisch in einem
Flußdiagramm (Bild 12.5) miteinander verknüpft.

Beispiel 12.3: Das folgende kybernetische System soll
bei einem Computer-Test verwendet werden und ist in
der hier angegebenen Form technisch-wissenschaftlich
noch nicht realisiert. Im *K-Diagramm* (Bild 12.5) wird
ein Feedbacksystem „Mensch" in einer einfachen, für

einen Computer verständlichen Form als ein zwei-
teiliges, sich überlagerndes Input-Output-System mit
5 Regelkreisen und 4 Speichern angesehen.

Die reale, sensorische Energie ist im System Y
zusammengefaßt. Der Buchstabe Y steht für „senso-
risch" oder „Sinnesorgane". F steht für „Filter".
Die Y-Organe sind A≡Augen, D≡Labyrinth, O≡Ohren,

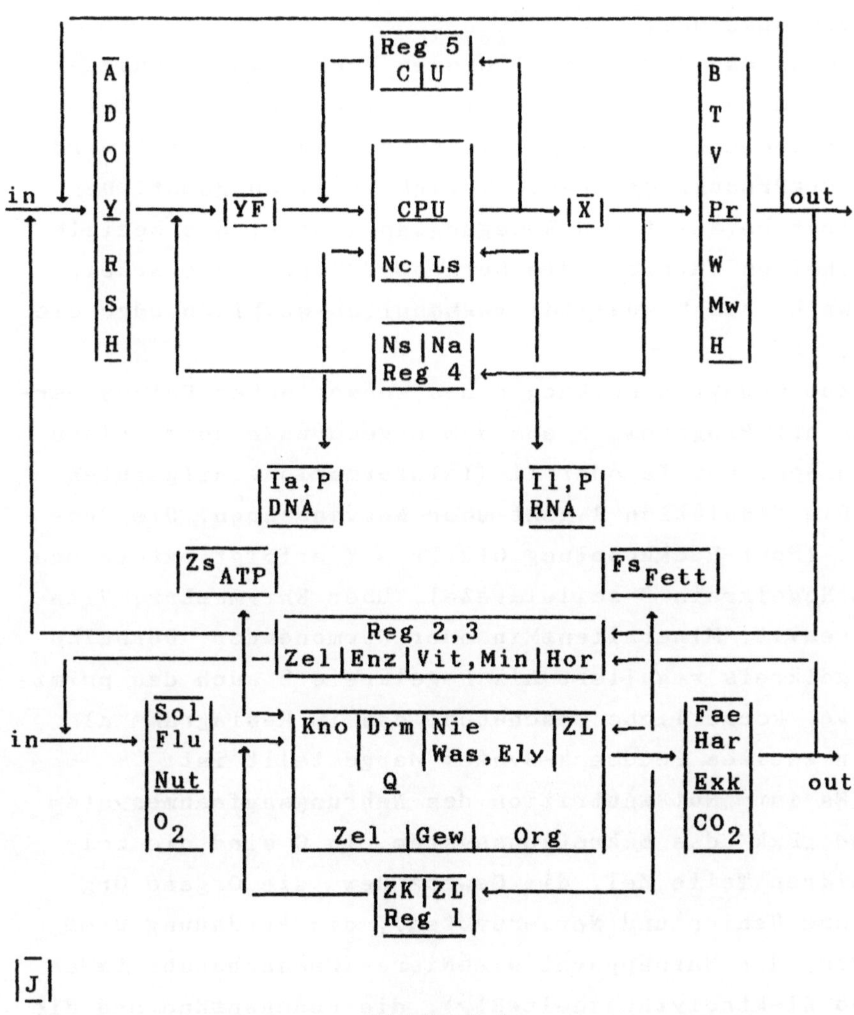

Bild 12.5

R≡Riechen, S≡Schmecken und H≡Haut. Die Verarbeitung
der Reizaufnahme durch Y geschieht in CPU≡central
processing unit, dem Gehirn (Nc≡Neocortex und Ls≡lim-
bisches System) und Nervensystem (Ns≡somatisches
Nervensystem und Na≡autonomes (vegetatives) Nervensystem). Die Regulation 5 dieser Tätigkeit I erfolgt
durch bewußtes, algorithmisches Denken C≡conscious
oder durch mit Traummechanismen arbeitende Emotionen
U≡subconscious.

Bevor das Ergebnis II dieses Denkvorgangs ausge-
führt wird, wird in X≡Reflexe illusionär eine Zwi-
schenspeicherung III vorgenommen und dann erst wird
in Pr≡Produkt die reale Tätigkeit IV ausgeübt. Der
Output betätigt den Bewegungsapparat B, das soziale
Verhalten T≡tribe, die Sprache V≡vocal, die Arbeit
W≡work, die Sexualität Mw≡Männlich-weiblich oder die
Haut H.

Zur CPU-Verarbeitung eines sensorischen Reizes werden oft Programme P aus dem angeborenen oder erlernten Speicher Ia oder Il (I≡Information) aufgerufen.

Die Regulation 4 geht über Nervenbahnen. Die Out-
put-Input-Rückkopplung OIR:Pr → Y erfolgt extern und
im Regelkreis 3 zellulär≡Zel, über Enzyme≡Enz, Vita-
mine≡Vit, Mineralien≡Min oder Hormone≡Hor. Derselbe
Regelkreis reguliert als Regelkreis 2 auch das primitive, körperliche Geschehen, das im K-Diagramm als
ein zweites Feedback-System dargestellt ist.

Es ist „Nut"≡nutrition das Nahrungsaufnahmesystem
und „Exk" das Exkretionssystem. In Q sind die zel-
lulären Teile Zel, die Gewebe Gew, die Organe Org
(ohne Gehirn und Nervensystem), die Verdauung Drm≡
Darm, der Harnapparat Nie≡Niere (Wasserhaushalt≡Was
und Elektrolythaushalt≡Ely), die Knochen≡Kno und die
Atmung ZL zusammengefaßt. Z steht für Zirkulation. Q

wird außerdem durch den Kreislauf ZK und durch das
Atemsystem ZL (Regelkreis 1) gesteuert.

Bei der Nahrung Nut unterscheiden wir Sol≡solid,
feste Nahrungsstoffe, Flu≡fluessige Nahrungsstoffe
und Sauerstoff O_2, bei den Exkreten Faeces≡Fae, Harn
≡Har und CO_2. Die Speicher, die Q benutzen kann, sind
Fette≡Fs und Zs≡zelluläre Energiespeicher (ATP≡Ade-
nosintriphosphat).

Weitere Abkürzungen, die wir im K-Diagramm benutzt
haben, sind: DNA für Desoxyribonucleinsäure, RNA für
Ribonucleinsäure; „in" steht für Input, „out" steht
für Output; „J" im linken unteren Kasten soll eine
Altersangabe sein, -Kind, Erwachsener oder Senior.

Vergleicht man ein Teil des K-Diagramms mit Nach-
richtensystemen, so entsprechen die Nerven den
Kanälen für den Informationsfluß und Ia und Il den
gespeicherten Nachrichten. Der Informationsspeicher
eines Computers arbeitet in bit. Der Informationsge-
halt eines menschlichen DNA-Chromosomensatzes liegt
ungefähr bei 10^6 bit.

Der Regelkreis C sollte wie im ersten Beispiel ein
Algorithmus sein, der Regelkreis U jedoch nichtalgo-
rithmisch mit „Traummechanismen" arbeiten. Zum Beispiel werden illusionär (im Traum bildlich-intuitiv)
oft Substitutionen „Täuschen" oder „Verwechslung"
vorgenommen, wobei man Annahmen (Prämissen) oder
Gedanken-logische Implikationen (siehe Kapitel 9)
austauscht oder verwechselt.

Ein assoziatives Netzwerk zum K-Diagramm sollte für
die einzelnen Teile als Intension eine Auswahl von
(~600) Test-Worten beinhalten. Zum Beispiel könnte X
als Intension „aktiv", YF „beobachten" zugeordnet
sein. Die Testwortverarbeitung sollte in Tripeln, wie

positiv-neutral-negativ, erfolgen. Zum Beispiel
könnte man das Testwort „Besitz" über die positiv-ne-
gativen Extremstellungen „geben-nehmen" oder „Stolz-
Neid" verarbeiten.

Als geometrisches Modell könnte man die doppelte
cusp für ein lokale erzeugtes, positiv-neutral-
negativ-polarisiertes Schwingungsfeld benutzen.

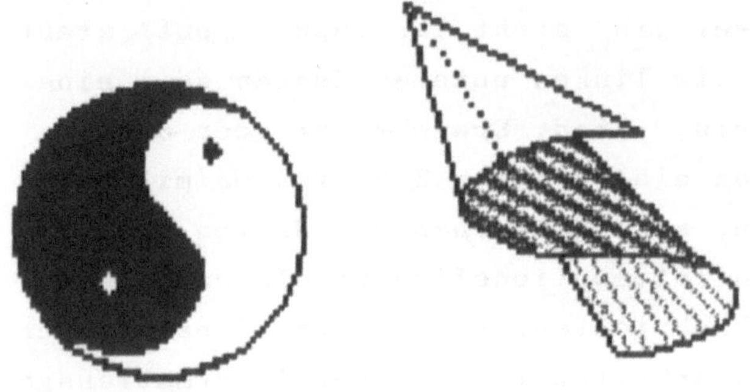

cusp

Bild 12.6

Die *cusp* ist eine der Thomschen *Katastrophen*, die
aussieht wie eine am Rande der Aktivität sich aus-
schwingende Falte. Flächig-geometrisch dargestellt
hat sie an der extrem-aktiven Stelle drei sich über-
lagernde Teilflächen und verhält sich dort im Quer-
schnitt wie ein Polynom dritten Grades.

Das K-Diagramm hat zwei Teile, einen äußeren Teil I
und einen inneren Teil II, die sich regeltechnisch
wie in der folgenden Tabelle 12.7 aufspalten:

12.7 Bezeichnung	I	II
Störgrößen z	in-out I	in-out II
Verarbeitung S	Q, CPU	CPU
Regelgröße, Sensor	Nut, Y	YF
Speicher w	Zs, Fs, Ia	Ia, Il
Regler R	H, Reg 1,2,3, OIR	Reg 4,5
Stellgröße y	Exk, Pr	X

Beispiel 12.4: Ein Flußdiagramm für eine elektronische Orgel oder Synthesizer ist in Bild 12.8 dargestellt. Der Netzteil N sorgt für die elektrische Energiezufuhr. Na ist der Netzanschluß. Im Tongenerator Tg werden Sinusoszillatoren als Input-Signale verwendet, um akustische Klänge zu erzeugen.

Eine elektronische Schalterbetätigung wird über die Klaviatur K ausgeführt und legt die Ton- oder Klanglänge fest. Die Klangsignale werden zur Klangformung F weitergegeben. Hierbei werden Rechteck-, Sinus- und Sägezahnsignale verwendet.

Na ⟶ N ⟶ Tg ⟶ K ⟶ | F Rechteck / Sinus / Sägezahn | ⟶ V ⟶ L

Bild 12.8

Die Oszillatorsignale werden in festen Verhältnissen additiv gemischt und unerwünschte Harmonien mittels spannungsgesteuerter Filter subtraktiv entfernt. Die Lautstärkemodulation wird im Verstärker V erzeugt. Der Output der Klangproduktion erfolgt über Lautsprecher L.

Bei der *elektronischen Musik* wird oft die übliche Notenschreibweise durch zweidimensionale Grafiken wie in Bild 12.9 ersetzt.

Die vertikale Hz-Achse gibt die Frequenz an, die horizontale t-Achse die Zeit in Sekunden. Die Lautstärke hängt von der Größe der einzelnen Symbole ab.

Waagrechte (senkrechte) Schraffur bedeutet liegende Klänge (einzelne Schallstöße), die je nach Dichte der Schraffur klanglicher oder geräuschhafter sind. Ein schwarzes Rechteck bedeutet Rauschen.

Komplizierte Strukturen erhält man bei synthetischer Musik durch Mischen oder durch Materialüberlagerungen von Tonbandaufnahmen, Synthesizer, Schlaginstrument, Melodien, Orchester, Sprache, Geräusche.

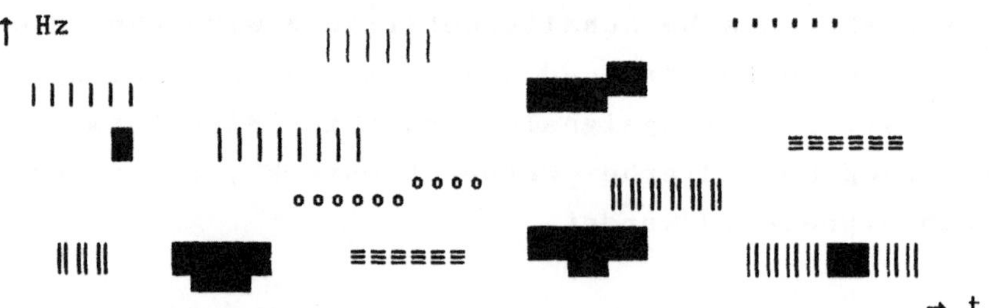

Bild 12.9

Die akustische Speicherung wird heute auf zwei Arten, analog oder digital, vorgenommen.

Die konventionelle Analogmethode nimmt das Originalereignis kontiniuerlich auf; digital werden äquidistante, zeitdiskrete Impulse durch Musterentnahme aufgenommen.

Die digitale Speicherung hat keine Rauschspannung, die sich bei konventionell-analoger Speicherung auf Magnetbändern als Störsignale bemerkbar macht.

Bei der Digitalmethode müssen $f_M \geq 2f_O$ Abtastungen des Musters pro Zeiteinheit vorgenommen werden, wobei f_O die höchste im akustischen Signal enthaltene Frequenz ist. Das Shannonsche Theorem besagt, daß unter solchen Bedingungen kein Informationsverlust stattfindet. Das Shannonsche Theorem gilt auch für die Rückumwandlung digitaler in kontinuierliche Signale. Somit ist eine originalgetreue Reproduktion von Tonsignalen durch die digitale Audiotechnik möglich.

ANHANG

Im Anhang werden Pascal-Programme vorgestellt, die
von Schülern der zwölften gymnasialen Klassenstufe
und von den sie betreuenden studentischen Tutoren
während der Intensivkurse Mathematik 1985-1987 geschrieben wurden. Sie sind nur geringfügig abgeändert
worden, um die Originalität der Arbeiten sichtbar
werden zu lassen. Zur Absicherung kann bei Zahlen-
eingaben die Datei inc.pas verwendet werden.

Die Programme sind alphabetisch angeordnet und gehören zu den folgenden Abschnitten:
APPLEMAN, Abschnitt 7; BINOMVER, Abschnitt 11; CFIBO-
NAC, Abschnitt 2; CODIERUN, Abschnitt 6; EULERPHI,
Abschnitt 3; GGTEILER, Abschnitt 3; GRAFIKEN;
inc.pas; INTERPOL, Abschnitt 7; PRIMZAHL, Abschnitt
3; QUGLEICH, Abschnitt 7; TURINGMA, Abschnitt 9.

```pascal
{$N-}      {No numeric coprocessor}

program APPLEMAN;                  (* P. Schupp und W. Schwartz *)

(* Das Programm läuft unter Turbo Pascal 4.0 (MS-DOS).   *)
(* Es stellt Apfelmännchen (Mandelbrotmengen) auf CGA    *)
(* dar. Es wird ein Ausschnitt der komplexen Zahlenebene *)
(* bestimmt. c=a+ib : Konstante, x : reelle Achse,       *)
(* y : imaginäre Achse.                                  *)

Uses Crt, Graph3;

(*$i inc.pas*)  (* Fügt die externe Datei 'inc.pas' ein. *)
(* Diese enthält Eingaberoutinen (get_int, get_real).    *)

var err : boolean; grenze, x_min, x_max, y_min, y_max,
                              x1, x, y, a, b : real;
   rekurs, i, xx, yy, cen_x, cen_y, scr_x, scr_y : integer;

begin
clrscr; gotoxy(20, 4);
writeln('██████████████████'); gotoxy(20, 5);
writeln('█ APFELMANNGRAFIK █'); gotoxy(20, 6);
writeln('██████████████████'); writeln;
writeln('Eingabe von 1. Bildschirmbereich,',
   ' 2. Bereich der C-Zahlen.');
writeln('Nach jeder Eingabe bitte <RETURN> drücken!');
writeln; writeln;
writeln('Auflösung :'); scr_x := 320; scr_y := 200;
write('X : Anzahl Pixels = '); writeln(scr_x);
write('Y : Anzahl Pixels = '); writeln(scr_y); writeln;
repeat
  clry(15);
  write('Anzahl Iterationsschritte ',
    '[10 <= rekurs <= 20] = ');
  rekurs := get_int(err);
until not(err) and (rekurs >= 10) and (rekurs <= 20);
repeat
  clry(16);
  write('Randbegrenzung [20 <= grenze <= 1000] = ');
  grenze := get_int(err);
until not(err) and (grenze >= 20) and (grenze <= 1000);
writeln;
                    (* Eingabe des Bereichs der C-Zahlen. *)
writeln('Eingabebeispiel: -2.1, 1.2, -1.3, 1.3');
```

```
repeat
  clry(19); write('x minimal = ');
  x_min := get_real(err);
until (not err) and (x_min>=-2.1);
repeat
  clry(20); write('x maximal = ');
  x_max := get_real(err);
until (not err);
repeat
  clry(21); write('y minimal = ');
  y_min := get_real(err);
until (not err);
repeat
  clry(22); write('y maximal = ');
  y_max := get_real(err);
until (not err);
cen_x := round(160-scr_x/2); cen_y := round(100-scr_y/2);
graphmode;                               (* Umschalten auf Grafik. *)
xx := 0;
repeat
  xx := xx + 1;                          (* über alle x horizontal *)
  a := x_min+xx*(x_max-x_min)/scr_x;
  yy := 0;
  repeat
    yy := yy + 1;                        (* über alle y vertikal *)
    b := y_min+yy*(y_max-y_min)/scr_y;
    x := 0; y := 0; i := 0;
    repeat                               (* ... wird iteriert ... *)
      x1 := x*x-y*y+a; y := 2*x*y+b; x := x1; i := i+1;
    until ((i = rekurs) or (sqr(x) + sqr(y) > grenze));
    (* ...bis zur Iterationsgrenze oder Grenze für |z|². *)
    plot(cen_x+xx, cen_y+yy, round(rekurs-i));
                                 (* Setzen der gefärbten Punkte. *)
  until yy >= scr_y;
until ((xx >= scr_x) or keypressed);
repeat until keypressed;
textmode(co80);                          (* Zurück in den Textmode. *)
end.
```

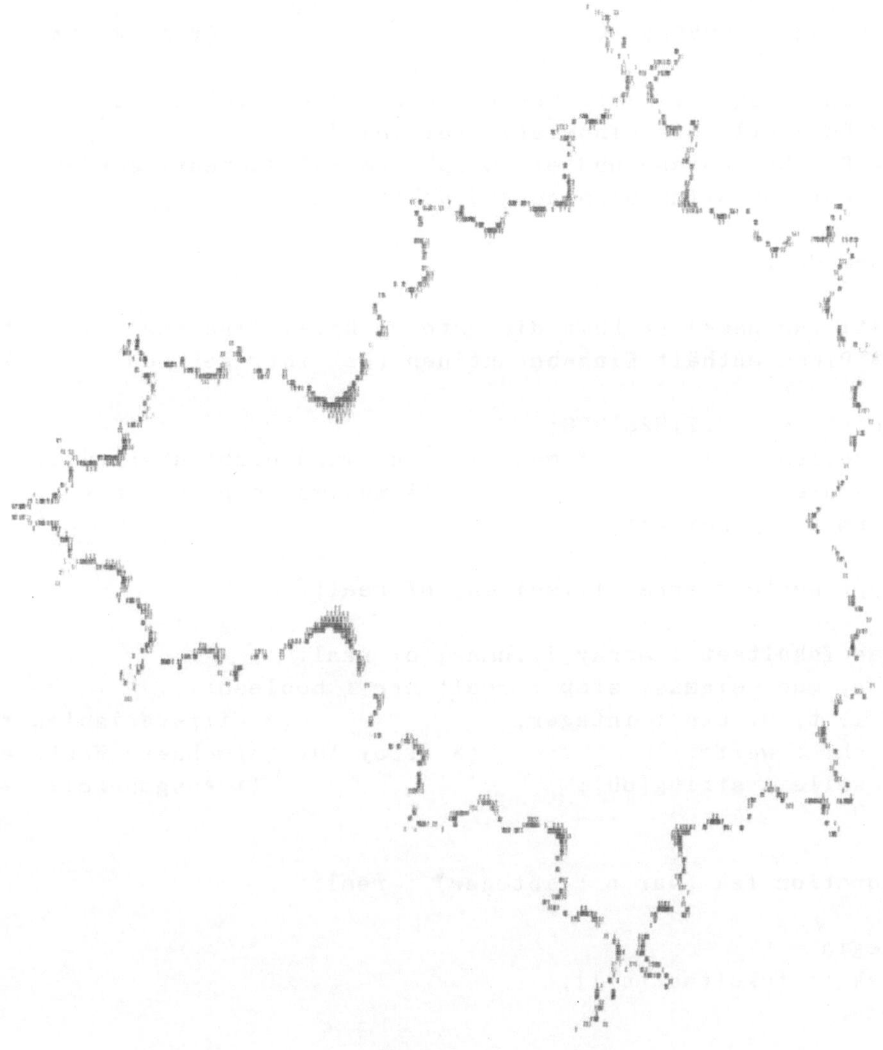

```pascal
program BINOMVER;                                    (* A. Fachat *)

(* Das Programm läuft unter Turbo Pascal 4.0 (MS-DOS).   *)
(* Es stellt die Binomialverteilung dar.                 *)
(* Die Ergebnisse und ein Graph (um 90° gedreht) werden  *)
(* auf dem Bildschirm ausgedruckt.                       *)

Uses Crt;

(*$i inc.pas*) (* Fügt die externe Datei 'inc.pas' ein.  *)
(* Diese enthält Eingaberoutinen (get_int, get_real).    *)

const  e = 2.718281828;
  zeilen = 21;       (* maximales n; wird nicht überprüft! *)
  scale  = 0.5;               (* maximales p (0 < p < 1) *)
  nmax   = zeilen;

type werte = array[1..zeilen] of real;

var fakultaet : array[1..nmax] of real;
  p, mue, sigmas, step : real; err : boolean;
  i, t, n, pos : integer;             (* Hilfsvariablen *)
  phi : werte;                 (* Array für berechnete Werte *)
  zeile : string[80];                 (* Ausgabezeile *)


function fak (var n : integer) : real;

begin
fak := fakultaet[n+1];
end;


function ueber (var n, i : integer) : real;
        (* Definiert den Binomialkoeffizienten n über i. *)
var t : integer; v : real;

begin
t := n-i;
v := fak(n)/(fak(i)*fak(t));
ueber := v;
end;
```

```
procedure initfak;
                                        (* berechnet Fakultäten *)
var v : real;

begin
v := 1; fakultaet[1] := 1;
for i := 1 to nmax-1 do begin
  v := v*int(i); fakultaet[i+1] := v;
  end;
end;


procedure input;

begin
clrscr;
repeat
  writeln ;
  gotoxy(25, 4); writeln('███████████████████████');
  gotoxy(25, 5); writeln('█ Binomialverteilung █');
  gotoxy(25, 6); writeln('███████████████████████');
  clry(10);
  writeln('Nach jeder Eingabe <RETURN> drücken!');
  clry(11); write('Wahrscheinlichkeit [0<p<1] eingeben! ');
  p := get_real(err);
until (not err) and (p < 1) and (p > 0);
repeat
  clry(12);
  write('Anzahl der Binomialereignisse [n≤20] eingeben! ');
  n := get_int(err);
until (not err) and (n > 0) and (n <= 20);
end;


procedure berechnen; (* Liefert den Erwartungswert E(x), *)
    (* die Varianz V(x) und die Binomialverteilung p(x). *)

begin
mue     := n*p;                         (* E(X) berechnen *)
sigmas := n*p*(1-p);                    (* V(X) berechnen *)
for i := 0 to n do begin    (* Näherungsfunktion für p(x) *)
  phi[i+1] := ueber(n,i)*exp(i*ln(p))*exp((n-i)*ln(1-p));
  end;
end;
```

```
procedure drucken;

begin
clrscr; writeln ; gotoxy(25, 4);
writeln('████████████████████████'); gotoxy(25, 5);
writeln('█ Binomialverteilung █'); gotoxy(25, 6);
writeln('████████████████████████'); writeln;
writeln('                                   ⌐ n ⌐  x        n-x');
writeln('Binomialverteilung p(x)=|   | p (1-p)    .');
writeln('                                   ⌐ x ⌐ ');
writeln('Wahrscheinlichkeit für das Ereignis := ',p:5:5);
writeln('Anzahl der Binomialereignisse       := ',n:5);
writeln('Varianz          := ',sigmas:5:5);
writeln('Erwartungswert := ',mue:5:5);
writeln; writeln('<RETURN>'); writeln;
repeat until keypressed;
clry(16);
writeln (' k   :',
  '0___________________P____________________',scale:4:4);
step := 1;
for i:=0 to n do begin
  pos := trunc(80/scale*phi[i+1]+1); zeile := ':';
  for t:= 1 to pos+1 do begin
    zeile := zeile + ' ';
    end;
  zeile := zeile +'*'; writeln(i:4,zeile);
  end;
readln;
end;

begin  (* main *)
initfak;
input;
berechnen;
drucken;
end.
```

```pascal
program CFIBONAC;              (* M. Trittler und A. Rüdinger *)

(* Das Programm läuft unter Turbo Pascal 4.0 (MS-DOS).    *)
(* Es zeichnet komplexe Fibonaccizahlen.                  *)

Uses Crt, Graph3;

const max = 121;

var re, im : array[1..max] of real; i : integer;
    r, x, y : real;

begin
clrscr; gotoxy(15, 4);
writeln('████████████████████████████████'); gotoxy(15, 5);
writeln('█ FIBONACCIZAHLEN IM KOMPLEXEN █'); gotoxy(15, 6);
writeln('████████████████████████████████'); writeln;
writeln;
writeln('Die komplexen Fibonaccizahlen sind durch die',
  ' Rekursionsformel'); writeln; writeln;
writeln('        z[n+1] := z[n] + i * z[n-1] und z[0] := 0,',
  ' z[1] := 1'); writeln; writeln;
writeln('gegeben. Das Programm zeichnet die Zahlen',
  ' z[1], ..., z[', max, '] in');
writeln('der Gaußschen Zahlenebene.');
writeln('                                    <RETURN>');
readln; writeln;
re[1] := 1; im[1] := 0; re[2] := 1; im[2] := 0;
for i := 3 to max do begin
  re[i] := re[i-1] - im[i-2];
  im[i] := im[i-1] + re[i-2];
  end;
graphcolormode; hirescolor(7);
for i := 1 to max do begin
  r := sqrt(re[i] * re[i] + im[i] * im[i]);
  x := ln(r) * re[i]/r;
  y := ln(r) * im[i]/r;
  plot(160-round(x), 100-round(y), 2); delay(70);
  end;
writeln('<RETURN>'); readln; textmode(co80);
end.
```

```pascal
{$R-}      {Range checking off}
{$B+}       {Boolean complete evaluation on}
{$S+}       {Stack checking on}
{$I+}       {I/O checking on}
{$N-}       {No numeric coprocessor}
{$M 65500,16384,655360} {Turbo 3 default stack and heap}

program CODIERUN;                      (* W. Mack und S. Angerer *)

(* Das Programm läuft unter Turbo Pascal 4.0 (MS-DOS).    *)
(* Es wird eine Datei name mit dem Suffix .dat angelegt, *)
(* in die Sie einen Text mit maximal 40 Zeichen pro      *)
(* Zeile eingeben können. Der Text kann ver- und ent-    *)
(* schlüsselt werden und in beiden Formen gelesen        *)
(* werden. Der verschlüsselte Text wird in einer Datei   *)
(* name mit dem Suffix .cod abgespeichert. Der decodier- *)
(* te Text wird in einer Datei Dname.dat abgespeichert.  *)

Uses Crt;

type normdat = char; str2 = string[2];

var f_klar, f_code: text; antw : char ;
    f_name , g_name , h_name : string[12];
    stl, st2 : string[80]; rein, heraus : normdat;
    cod_ex, dat_ex, err , errl : boolean;



function dec2hex (dec : char) : str2;
                              (* Verschlüsselungsfunktion *)
var n : integer; lonibble, hinibble : char;

begin
n := ord(dec) mod 16;
if n > 9 then lonibble := chr(ord('A') - 10 + n)
else lonibble := chr(ord('0') + n);
n := ord(dec) div 16;
if n > 9 then hinibble := chr(ord('A') - 10 + n)
else hinibble := chr(ord('0') + n);
dec2hex := hinibble + lonibble;
end;
```

```pascal
function hex2dec (hex : str2) : char;
                               (* Entschlüsselungsfunktion *)
var result, help : integer; ch : char;

begin
ch := hex[1];
if not(ch in ['0'..'9', 'A'..'F']) then begin
  writeln('Fehler in hex2dec : hex', ch); halt;
  end;
help := ord(ch) - ord('0');
if ch in ['A'..'F'] then help := 10 + ord(ch) - ord('A');
result := help * 16; ch := hex[2];
if not(ch in ['0'..'9', 'A'..'F']) then begin
  writeln('Fehler in hex2dec : hex', ch); halt;
  end;
help := ord(ch) - ord('0');
if ch in ['A'..'F'] then help := 10 + ord(ch) - ord('A');
result := result + help; hex2dec := chr(result);
end;


procedure get_text;                        (* Eingabe der Datei *)

var ch : char;  new : boolean; st40 : string[40];
     i : integer;

begin
repeat
  clrscr;
  repeat
    clrscr; gotoxy(1, 5);
    writeln('Bitte geben Sie den Dateinamen ',
      'der neuen unverschlüsselten Datei ein!');
    writeln('Maximal 7 Buchstaben! <RETURN> bricht den ',
      'Vorgang ab.');
    new := false; err := false; err1 := false;
    readln(f_name); h_name := ' ' + f_name;
    g_name := f_name + '.dat';
    if h_name = ' ' then begin
      err1 := true;
      end;
    if (pos( '.', f_name) <> 0) then begin
      writeln('Dateiname bitte ohne Endung eingeben!',
        ' Endung ist immer .dat');
      writeln('<RETURN>'); readln; err := true;
```

```
        else
          if (length(f_name) > 7) then begin
            writeln('Dateiname ist zu lang, maximal 7 Buch',
              'staben!'); writeln('<RETURN>'); readln;
            err := true;
            end;
    until ((not err) or errl);
    if ((not err) and (not errl)) then begin
      f_name := f_name + '.dat';
      assign(f_klar, f_name);
      (*$i-*) reset(f_klar); (*$i+*)
      if (ioresult <> 0) then begin
        if f_name[1] = ' ' then begin
          writeln('Am Anfang des Dateinamens keine Leer',
            'stelle eingeben!'); writeln('<RETURN>');
          readln; errl := true;
          end
        else begin
          writeln('Es wird eine neue Datei angelegt:');
          new := true;
          end;
        end
      else begin
        close(f_klar); write('Datei existiert bereits. ');
        writeln('Soll sie überschrieben werden?  (j/n)');
        read(ch); writeln; writeln;
        if ch in ['y', 'Y', 'j', 'J'] then new := true
        else begin
          writeln('<RETURN>'); readln
          end;
        end;
      end;
    if new then rewrite(f_klar);
  until (new or errl);
  if ((not err) and (not errl)) then begin
    clrscr; writeln(g_name);
    writeln('Nun bitte den Text eingeben!');
    writeln('Die Zeilen werden nach 40 Zeichen ',
      'abgeschnitten!');
    writeln('Ende (ab der zweiten Zeile) durch eine Zeile, ',
      'die nur aus einem Punkt besteht.'); writeln;
    readln(st40);
    repeat
      writeln(f_klar, st40);
      readln(st40);
```

```pascal
    close(f_klar); clrscr;
    end;
if errl then begin
  writeln; errl := false;
  end;
writeln; writeln; writeln;
end;


procedure guckdat;                          (* Ausgabe der Datei *)

var out : text; ch : char; name : string[20];
    inout : string[80];

begin
clrscr;
writeln('Welche Datei wollen Sie sehen?');
writeln('Decodierte Dateien beginnen mit "D".');
writeln('Bitte einen abgespeicherten Dateinamen ohne',
  ' Endung eingeben!');
writeln('<RETURN> bricht den Vorgang ab.'); writeln;
cod_ex := false; dat_ex := false;  errl := false;
repeat
  err := false;
  readln(name); h_name := ' ' + name;
  if (pos('.', name) <> 0) then begin
    err := true; clrscr;
    writeln('Bitte einen abgespeicherten Namen ohne ',
      'Endung eingeben! ');
    end
until ((not err) or (h_name = ' '));
g_name := name;
if (h_name = ' ') then writeln
else begin
  f_name := g_name + '.dat';
  assign(out, f_name);
  (*$i-*) reset(out); (*$i+*)
  if (ioresult = 0) then dat_ex := true;
  if (not dat_ex) then
    writeln('Datei existiert nicht, bitte',
      ' DIR anschauen!');
  end;
if dat_ex then close(out);
f_name := g_name + '.cod';
assign(out, f_name);
```

```pascal
(*$i-*) reset(out); (*$i+*)
if (ioresult = 0) then cod_ex := true;
if cod_ex then close(out);
if ((not cod_ex) and (dat_ex)) then begin
  err := true; writeln;
  f_name := name + '.dat';
  assign(out, f_name);
  (*$i-*) reset(out); (*$i+*)
  repeat
    readln(out, inout); writeln(inout);
  until (eof(out));
  errl := true;
  end;
if (cod_ex and dat_ex) then begin
  writeln;
  write('Wollen Sie die unverschlüsselte ',
    'Datei sehen? (j/n) ');
  read(ch);
  if upcase(ch) = 'N' then begin
    writeln; writeln(h_name,'.cod: ');
    writeln; dat_ex := false
    end
  else
    if upcase(ch) = 'J' then begin
      writeln; writeln(h_name,'.dat: ');
      writeln; cod_ex := false;
      end
    else begin
      err := true; dat_ex := false; cod_ex := false;
      end;
  end;
if (dat_ex and (not errl)) then begin
  writeln;
  f_name := name + '.dat';
  assign(out, f_name);
  (*$i-*) reset(out); (*$i+*)
  repeat
    readln(out, inout); writeln(inout);
  until (eof(out)); readln;
  end;
if cod_ex then begin
  writeln;
  f_name := name + '.cod';
  assign(out, f_name);
  (*$i-*) reset(out); (*$i+*)
```

```pascal
   repeat
     readln(out, inout); writeln(inout);
   until (eof(out)); readln;
   end;
if err then begin
  writeln('<RETURN>'); readln; err := false;
  end;
end;


procedure coddat;                 (* Verschlüsseln des Textes. *)

var inp, out : text; ch : char; j : integer;
    help, inout : string[80]; name : string[20];

begin
clrscr; err := false;
writeln('Name der zu verschlüsselnden Datei?');
readln(name);
f_name := name + '.dat';
assign(inp, f_name);
(*$i-*) reset(inp); (*$i+*)
if (ioresult <> 0) then begin
 writeln('Datei existiert nicht, bitte DIR anschauen!');
 writeln; writeln('<RETURN>');
 readln; err := true;
 end;
if (not err) then begin
  f_name := name + '.cod';
  assign(out, f_name);
  (*$i-*) rewrite(out); (*$i+*)
  repeat
    help := '';
    readln(inp, inout);
    for j := 1 to length(inout) do begin
      ch := inout[j];
      help := help + dec2hex(ch);
      end;
    inout := help;
    writeln(out, inout);
  until (eof(inp));
  close(inp); close(out); writeln; writeln;
  end;
if err then clrscr;
end;
```

```
procedure decode; (* Entschlüsseln des codierten Textes. *)

var inp, out : text; j : integer; hexval : str2;
    help, inout : string[80]; name : string[20];

begin
clrscr; err := false;
writeln('Name der verschlüsselten Datei?');
readln(name); h_name := 'D' + name;
f_name := name + '.cod';
assign(inp, f_name);
(*$i-*) reset(inp); (*$i+*)
if ioresult <> 0 then begin
  writeln('Datei existiert nicht, bitte DIR anschauen!');
   writeln; writeln('<RETURN>');
   readln; err := true;
   end;
if (not err) then begin
  f_name := 'D' + name + '.dat';
  assign(out, f_name);
  (*$i-*) rewrite(out); (*$i+*)
  repeat
    help := '';
    readln(inp, inout);
    for j := 1 to length(inout) div 2 do begin
      hexval := copy(inout, (j * 2) - 1, 2);
      help := help + hex2dec(hexval);
      end;
    inout := help;
    writeln(out, inout);
  until (eof(inp));
  close(inp); close(out);
  writeln; writeln;
  end;
if err then clrscr;
end;


begin (* main *)
clrscr; gotoxy(30, 4);
writeln('▉▉▉▉▉▉▉▉▉▉▉▉▉▉'); gotoxy(30, 5);
writeln('▉ Codierung ▉'); gotoxy(30, 6);
writeln('▉▉▉▉▉▉▉▉▉▉▉▉▉▉'); gotoxy(1, 15);
repeat
  gotoxy(1, 20);
```

```
    writeln('Ihre Wahl: 1) anlegen 2) codieren 3) ',
      'decodieren 4) anschauen 5) Ende '); write( '? ');
    readln(antw); clrscr;
    case antw of
      '1' : get_text;
      '2' : coddat;
      '3' : decode;
      '4' : guckdat;
      '5' : write('<RETURN>');
      end;
until (antw = '5');
end.
```

```pascal
program EULERPHI;                    (* K. Wiese und A. Herold *)

(* Das Programm läuft unter Turbo Pascal 4.0 (MS-DOS).   *)
(* Es berechnet die Eulersche Phi-Funktion auf 2 Arten.  *)

Uses Crt;

(*$i inc.pas*) (* Fügt die externe Datei 'inc.pas' ein.  *)
(* Diese enthält Eingaberoutinen (get_int, get_real).    *)

const max = 5000;

var n, i, j : integer; w : boolean;


procedure init;

begin
clrscr; gotoxy(13, 4);
writeln('██████████████████████████████████');
gotoxy(13, 5);
writeln('█ Berechnung der Eulerschen Phi-Funktion █ ');
gotoxy(13, 6);
writeln('██████████████████████████████████');
end;


function ggt(al, a2 : integer) : integer;

var help : integer;

begin
if al*a2 = 0 then ggt := 0          (* Eine Zahl war Null! *)
else begin
  while al <> a2 do begin
    if al > a2 then begin           (* Vertausche al und a2! *)
      help := a2; a2 := al; al := help;
      end;
      a2 := a2-al;
    end;
  end;
 ggt := al;
 end;
```

```pascal
function phil(n : integer) : integer;
            (* Berechnet die Anzahl der nat. Zahlen, die *)
            (*  teilerfremd zu n und kleiner als n sind. *)
var i, eu : integer;

begin
eu := 1;
for i := 2 to n do begin
  if ggt(n, i) = 1 then begin
    eu := eu + 1; gotoxy(1, 20);
    writeln('Berechnung:        ', (i+1):4,' ', eu:4);
    end;
  end;
phil := eu;
end;



function prime(n : integer) : boolean;
  (* Ermittelt, ob eine Zahl Primzahl ist, indem für    *)
  (* alle kleineren Zahlen die Teilbarkeit geprüft wird. *)
var i, grenze : integer;

begin;
prime := false;
if n > 1 then begin
  i := 1; grenze := round(sqrt(n));
  repeat
    i := i + 1;
  until ((n mod i = 0) or (i > grenze));
  if i > grenze then prime := true
  end;
end;

function nextprime(lastprime, n : integer) : integer;
                            (* Sucht die nächste Primzahl. *)
var p : integer;

begin;
p := lastprime;
repeat
  p := p+1
until (prime(p) or (p > n));
if p > n then nextprime := 0
else nextprime := p;
end;
```

```pascal
function phi2(n : integer) : integer;
                       (* Berechnung von Phi nach der Formel. *)
var i, lastprime, p : integer; eule : real;

begin
eule := n; lastprime := 1;
repeat
  p := nextprime(lastprime, n);
  lastprime := p;
  if ((p <> 0) and (ggt(n, p) <> 1)) then
    eule := eule * (1-1/p);
  gotoxy(1, 21);
  if p <> 0 then
    writeln('nach der Formel:', p:5, ' ', eule:5);
until p = 0;
phi2 := round(eule);
end;


procedure berechnung;

var n, h, phi, x, y, erg1, erg2 : integer; err : boolean;

begin
repeat
  gotoxy(1, 15);
  writeln('Bitte geben Sie die Zahl ein, von der die',
    ' Eulersche Phi-Funktion berechnet ');
  writeln('werden soll.                            ',
    '0 bedeutet Ende des Programms.');
  repeat
    clry(17); write('?');
    gotoxy(3, 17); n := get_int(err);
  until (not err) and (n < max);
  if n = 0 then halt;                        (* Programmende! *)
  if n in [1, 2] then begin
    writeln; writeln; writeln('phi(1) = phi(2) = 1');
    writeln; writeln('Bitte <RETURN> drücken!');
    readln; clrscr; gotoxy(5, 3);
    end;
until (not err) and (n > 2);
erg1 := phi1(n);
writeln('Bitte warten!');
erg2 := phi2(n);
clry(22); writeln('Bitte <RETURN> drücken!'); readln;
```

```
clrscr; gotoxy(5, 3);
writeln(' Berechnung der Eulerschen Phi-Funktion von ', n);
writeln;
writeln('      Ergebnis der Berechnung nach ');
writeln;
writeln('      der Definition: ', erg1);
writeln;
writeln('      der Formel n * π  (1-1/p) : ', erg2);
writeln('                      p¦n');
end;


begin                                            (* main *)
clrscr; init;
repeat
  berechnung;
until keypressed;
end.
```

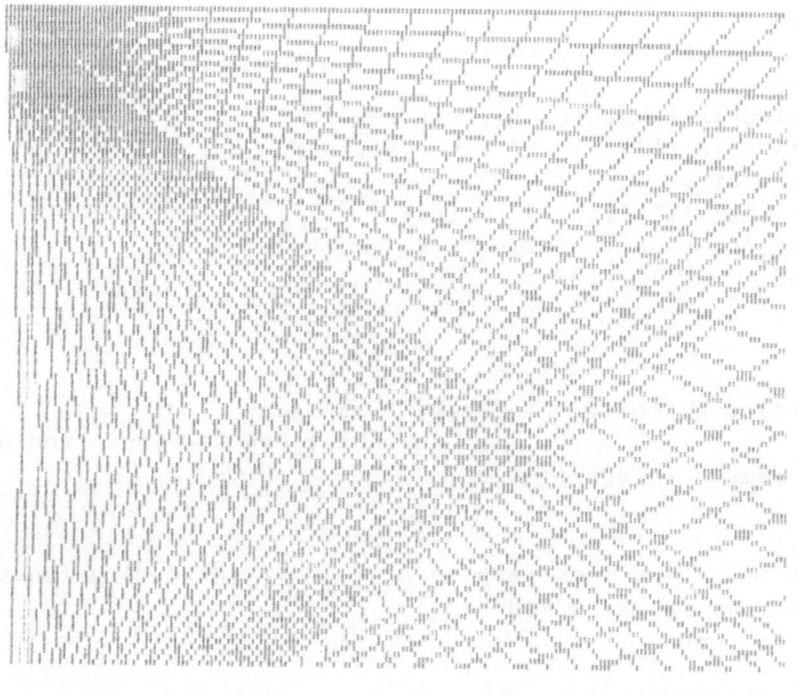

```pascal
program GGTEILER;                              (* R. Stolle *)

(* Das Programm läuft unter Turbo Pascal 4.0 (MS-DOS).   *)
(* Es berechnet den größten gemeinsamen Teiler zweier     *)
(* ganzer Zahlen.                                         *)


Uses Crt;

(*$i inc.pas*) (* Fügt die externe Datei 'inc.pas' ein.  *)
(* Diese enthält Eingaberoutinen (get_int, get_real).    *)

type str80 = string[80];

var a, b : integer; err : boolean;

function ja(x, y : integer; text : str80) : boolean;
      (* Fragt den Text ab und setzt je nach Antwort ja. *)
var c : char;

begin
gotoxy(x, y); write(text);
repeat
  gotoxy(x+length(text), y); read(c)
until c in ['J','j','Y','y','N','n'];
case c of
  'J','j','Y','y': ja := true;
  'N','n' : ja := false
  end
end;


function ggt(c, d : integer) : integer;
                        (* Berechnet den GGT von c und d. *)
var temp : integer;

begin
if d mod c = 0 then temp := c        (* ggt(c,d) gefunden *)
else temp := ggt(d mod c, c);
ggt := temp
end;


begin (* main *)
clrscr;
```

```
repeat
  clrscr; gotoxy(6, 2);
  writeln('███████████████████████████████████████████████████');
  gotoxy(6, 3);
  writeln('█ Größter gemeinsamer Teiler zweier Zahlen █');
  gotoxy(6, 4);
  writeln('███████████████████████████████████████████████████');
  repeat
    clry(7);
    write('1. Zahl: '); a := get_int(err);
  until (not err);
  repeat
    clry(8);
    write('2. Zahl: '); b := get_int(err);
  until (not err); writeln;
  if (a = 0) and (b <> 0) then begin
    if b < 0 then writeln('GGT(',a,',',b,')=', -b)
    else writeln('GGT(',a,',',b,')=', b)
    end
  else
    if (a = 0) and (b = 0) then
      writeln('GGT ist nicht erklärt.')
    else begin
      if ggt(a,b) < 0 then
        writeln('GGT(',a,',',b,')=', -ggt(a, b))
      else
        writeln('GGT(',a,',',b,')=', ggt(a, b));
      end;
until not
  ja(1, 14,'Soll nochmal ein GGT berechnet werden? (j/n) ')
end.
```

```pascal
program GRAFIKEN;            (* A. Herold, A. Fuhr und M. Uhl *)

(* Das Programm läuft unter Turbo Pascal 4.0 (MS-DOS).    *)
(* Es stellt einige Grafiken dar.                         *)

Uses Crt, Graph3;

const pi = 3.1415926535;

var i, j, k, x1, x2, x3, y1, y2, y3,
       x1o, x2o, x3o, y1o, y2o, y3o : integer;
    a, b, c : real; st : string[120]; ch : char;


procedure two_circles;                            (* A. Herold *)

begin
i := 0; graphcolormode; palette(1);
while (i < 72) and (not keypressed) do begin
  i := i + 1; penup; setposition(160, 95);
  setpencolor(1);
  draw(trunc(sin(pi*i/36)*050) + 160,
  trunc(cos(pi*i/36)*050)+95, 160, 95, 3);
  draw(trunc(sin(pi*i/36)*050) + 160,
  trunc(cos(pi*i/36)*050) + 95,
  trunc(sin(pi*(i+9)/36)*090) + 160,
  trunc(cos(pi*(i+9)/36)*090)+95, 1);
  end;
repeat until keypressed; readln;
end;

procedure graph2;                                 (* A. Fuhr *)

begin
i := 3; graphcolormode; graphbackground(5);
while (i < 30) and (not keypressed) do begin
  i := i+1; draw(30, 160, i*10, 0, 1);
  draw(30, 0, i*10, 160, 1);
  end;
for j:= 3 to 16 do begin
  draw (30, 160, 280, j*10, 1);
  draw (30, 0, 280, 160-j*10, 1);
  end;
repeat until keypressed; readln;
end;
```

```pascal
procedure other2curves;                         (* A. Herold *)

var z1, z2, z3, z4 : integer;

begin
repeat
  i := 0;
  graphcolormode;
  palette(0);
  repeat
    z1 := random(100);
    z1 := (z1 - trunc(z1/10)*10) div 2;
  until (z1 <> 0) and (z1 < 5);
  repeat
    z2 := random(100);
    z2 := (z2 - trunc(z2/10)*10) div 2;
  until z2 <> 0;
  repeat
    z3 := random(100);
    z3 := (z3 - trunc(z3/10)*10) div 2;
  until (z3 <> 0) and (z3 < 5);
  repeat
    z4 := random(100);
    z4 := (z4 - trunc(z4/10)*10) div 2;
  until z4 <> 0;
  while (i < 0513) and (not keypressed) do begin
    i := i + 04;
    x1 := trunc(sin(z1  *i*pi/256) *  90) + 160;
    x2 := trunc(sin(z2  *i*pi/256) *  20) + 160;
    x3 := trunc(sin(z2  *i*pi/256) *  40) + 160;
    y1 := trunc(cos(z3  *i*pi/256) *  90) +  95;
    y2 := trunc(cos(z4  *i*pi/256) *  20) +  95;
    y3 := trunc(cos(z4  *i*pi/256) *  80) +  95;
    draw(x1, y1, x2, y2, 2); draw(x2, y2, x3, y3, 1);
    end;
  if not keypressed then
    for i := 1 to 500 do begin
      j := i + i;
      k := j * j + trunc(sin(i) * cos(i));
      end;
until keypressed;
readln;
end;
```

```pascal
procedure schnee;                                           (* M. Uhl *)

var x, y, c, d, i, l, m : integer;

procedure GR (a, b, c, d : integer);

begin
draw(a div 2, b div 2, c div 2, d div 2, 2);
plot(a div 2, b div 2, 1);
if (i <= 4) and (not keypressed) then begin
  l := l div 3; i := i+1; a := c; b := d;
  c := a;        d := b;        GR(a, b, c, d);
  c := a-l;      d := b-2*l;    GR(a, b, c, d);
  c := a+l;      d := b-2*l;    GR(a, b, c, d);
  c := a+2*l;    d := b;        GR(a, b, c, d);
  c := a+l;      d := b+2*l;    GR(a, b, c, d);
  c := a-l;      d := b+2*l;    GR(a, b, c, d);
  c := a-2*l;    d := b;        GR(a, b, c, d);
  i := i-1; l := l*3
  end;
end;


begin                                                (* main schnee *)
graphcolormode;
graphbackground(9);
graphwindow(0, 0, 319, 199);
l := 243; i := 0; c := 320; d := 200; GR(c, d, c, d);
repeat until keypressed; readln;
end;


begin                                                       (* main *)
clrscr; gotoxy(28, 4);
writeln('███████████████'); gotoxy(28, 5);
writeln('█  GRAFIKEN  █'); gotoxy(28, 6);
writeln('███████████████'); gotoxy(1, 10);
writeln('Dieses Programm enthält vier Grafikprogramme,',
  'die durch <RETURN> nachein- ');
writeln('ander aufgerufen werden. Das dritte Programm ',
  'produziert viele Bilder.'); writeln;
writeln('<RETURN>'); readln; writeln;
two_circles; graph2; other2curves; schnee;
textmode(co80);
end.
```

```pascal
(* Routinensammlung INC.PAS zur absturzsicheren Eingabe  *)
(* von ganzen Zahlen und Gleitkommazahlen.          AH88 *)


function get_int (var error : boolean) : integer;

(* Liest ein Integer ein. Der var-Parameter error gibt  *)
(* an, ob der zurückgegebene Wert ein eingelesener       *)
(* Integer ist, oder ein Fehlerwert. Die Fehlerwerte     *)
(* haben folgende Bedeutung :                            *)
(* -1 = leere Eingabe; -2 = keine Ziffer; -3 = Overflow  *)

var l, i : integer; j : real; ch : char;
    in_st : string[80]; minus, number : boolean;

begin
readln(in_st);
 (* Einlesen eines Strings; da kann (außer ctrl-break)   *)
 (* nichts passieren. Der String wird weiter untersucht. *)
l := length(in_st); i := 0; j := 0;
error := false;                        (* kein Fehler bisher *)
minus := false;                        (* war die Zahl negativ? *)
number := false;   (* war überhaupt eine Ziffer im String *)
if l = 0 then begin
    j := -1; error := true; end (* leere Eingabe gefunden *)
else begin
    repeat
      repeat
        i := i + 1;                    (* Leerzeichen überlesen *)
      until (in_st[i] <> ' ');
      if in_st[i] = '-' then
        minus := not minus;                      (* --1 = 1 ! *)
    until not (in_st[i] in ['+', '-', ' ']);
    ch := in_st[i];           (* jetzt sollten Ziffern folgen *)
    while((ch in ['0'..'9']) and (i <= l)) do begin
      j := 10 * j + ord(ch) - ord('0');
        (* Verschieben der Zahl um eine Stelle nach links *)
          (* Addition des Wertes des gefundenen Zeichens *)
          (* Subtraktion der Differenz von '0' zur Ziffer *)
      i := i + 1; number := true;      (* Ziffer gefunden *)
      if i <= l then ch := in_st[i];
      end;
    if minus then j := (-1) * j;
```

```pascal
       if not number then begin
          j := -2; error := true; end;            (* keine Ziffer *)
       if (abs(j) > 32767) then begin
                  (* liegt die Zahl im Bereich der Integers? *)
          error := true; j := -3; end;              (* Overflow *)
       end;
   get_int := round(j);
end;


function get_real (var error : boolean) : real;

(* Liest eine Real-Zahl ein. Der var-Parameter error     *)
(* gibt an, ob der zurückgegebene Wert eine eingelesene   *)
(* Zahl ist, oder ein Fehlerwert. Die Fehlerwerte haben   *)
(* folgende Bedeutung : -1 = leere Eingabe;               *)
(* -2 = keine Ziffer; -3 = mehrere Punkte.                *)

var l, i, nach : integer; j : real; ch : char;
    point, number, minus : boolean; in_st : string[80];

begin
readln(in_st); l := length(in_st);
i := 0; j := 0; nach := 1;
point := false;          (* Dezimalpunkt bereits gefunden? *)
error := false; minus := false; number := false;
if l = 0 then begin
   j := -1; error := true; end          (* leere Eingabe *)
else begin
   repeat
      repeat i := i + 1; until (in_st[i] <> ' ');
      if in_st[i] = '-' then minus := not minus;
   until not (in_st[i] in ['+', '-', ' ']);
   ch := in_st[i];
   while((ch in ['0'..'9', '.']) and (i <= l)) do begin
      nach := nach * 10; i := i + 1;
      if ch = '.' then begin
         if point then error := true;    (* zweiter Punkt *)
         nach := 1; point := true; end
      else begin
         number := true;
         if (not point) then
            j := 10 * j + ord(ch) - ord('0')
         else j := j + (ord(ch) - ord('0')) * (1/nach);
         end;
```

```pascal
      if i <= 1 then ch := in_st[i];
      end;
   if (error and point) then j := -3;   (* mehrere Punkte *)
   if minus then j := (-1) * j;
   if (not number) and (not error) then begin
      j := -2; error := true; end;          (* keine Ziffer *)
   end;
get_real := j;
end;


procedure clry (y : integer);

(* löscht die Zeile y und stellt den Cursor an den      *)
(* Anfang der Zeile.                                     *)

begin
if ((y > 0) and (y < 25)) then begin
   gotoxy(1, y); clreol; gotoxy(1, y);
   end;
end;
```

```pascal
program INTERPOL;                    (* G. Hartmann und A. Herold *)
(* Das Programm läuft unter Turbo Pascal 4.0 (MS-DOS).    *)
(* Interpolation nach Newton und Lagrange.                *)

Uses Crt;

(*$i inc.pas*) (* Fügt die externe Datei 'inc.pas' ein.  *)
(* Diese enthält Eingaberoutinen (get_int, get_real).     *)

const max_grad = 10;
  (* muß um 1 größer sein als der Grad des max. Polynoms! *)

type vector = array[1..max_grad] of real;

var x_st, y_st : vector;   (* Koordinaten der Stützpunkte *)
    a_st, t_st : vector;              (* Hilfsvar. bei Newton *)
    grad : integer;                   (* Grad des Polynoms *)
    x_i_pol : real;              (* Interpolations-x-Wert *)
    y_newton, y_lagrange : real;            (* Ergebnisse *)
    c : char; i : integer;   (* braucht man hie und da ... *)
    err : boolean; (* Fehler bei der Eingabe aufgetreten? *)


procedure init;

begin
clrscr; gotoxy(25, 5);
writeln('███████████████████');  gotoxy(25, 6);
writeln('█ Interpolation █');  gotoxy(25, 7);
writeln('███████████████████');  gotoxy(1, 10);
write('Dieses Programm interpoliert Polynome');
writeln(' nach Lagrange und Newton.');
write('Dazu müssen der Grad des Polynoms n und die Stütz');
writeln('stellen eingegeben werden.');
write('Das Ergebnis ist der y-Wert der ');
writeln('Interpolationsstelle.');
write('Als maximaler Grad ist erlaubt: ');
writeln(max_grad-1);
writeln('                                <RETURN>');
readln;
clry(15);
end;
```

```pascal
procedure einlesen;

var x_in, y_in : real; i, j : integer;   (* Zum Einlesen. *)



begin
writeln;
repeat
  clry(17);
  write('Geben Sie den Grad des Polynoms ein! ');
  grad := get_int(err);
until (not err) and (grad in [1..max_grad-1]);
clrscr; writeln('Grad des Polynoms = ', grad); writeln;
repeat
  clry(2);
  write('Stelle an der interpoliert werden soll? x = ');
  x_i_pol := get_int(err);
until (not err);
i := 1;          (* Zählt die gültigen eingelesenen Werte. *)
repeat
  repeat
    repeat          (* Einlesen und Bildschirm säubern ... *)
      clry(i+10);
      write(i:3, '.ter Stützpunkt - X-Wert? ');
      x_in := get_real(err); x_st[i] := x_in;
    until (not err);    (* ...bis kein Fehler mehr kommt. *)
    j := 0;
    repeat          (* Prüft, ob dieselbe Stützstelle nicht *)
      j := j+1;        (* schon einmal eingegeben wurde... *)
    until (x_st[j] = x_in);
  until (i = j);       (* ...bis Stützstelle eindeutig ist, *)
  repeat
    clry(i+11);
    write(i:3, '.ter Stützpunkt - Y-Wert? ');
    y_in := get_real(err); y_st[i] := y_in;
  until (not err);    (* bis eine fehlerfreie Real kommt *)
  gotoxy(1, i+10);            (* nochmal schön ausdrucken *)
  write(i:3, '.ter Stützpunkt = (', x_in:5:2, ':');
  writeln(y_in:5:2, ').', '                    ');
  i := i+1;
  clry(i+10);
until i > grad+1;
end;
```

```pascal
procedure lagrange;

var i, j : integer; l : real;

begin
y_lagrange := 0;
for j := 1 to grad+1 do begin
  l := 1;                        (* Summieren über alle Polynome. *)
  for i := 1 to grad+1 do
                                 (* Bei x_i_pol wird interpoliert. *)
    if i <> j then
      l := l*(x_i_pol-x_st[i])/(x_st[j]-x_st[i]);
              (* Produkt bilden; j-te Komponente auslassen. *)
  y_lagrange := y_lagrange + l*y_st[j];
end;
writeln; writeln; writeln;
writeln('y_lagrange = ', y_lagrange:10:8);
end;


procedure newton;

        (* Newton rekursiv programmiert: Analog zur         *)
        (* Beschreibung im Paragraph Polynome und Fractale. *)


function c(i : integer) : real; forward;


function h(i : integer; x : real) : real;

begin
if i < 1 then h := 1
else h := h(i-1, x)*(x-x_st[i]);
end;


function p(i : integer; x : real) : real;

begin
if i < 1 then p := y_st[1]
else p := p(i-1, x)+c(i)*h(i, x);
end;
```

```pascal
function c;

begin
if i < 1 then c := y_st[1]
else c := (y_st[i+1]-p(i-1, x_st[i+1]))/h(i, x_st[i+1]);
end;



begin                                                    (* main newton *)
y_newton := p(grad, x_i_pol);
writeln('y_newton   = ', y_newton:10:8);
end;



begin                                                    (* main *)
clrscr; init; einlesen; lagrange; newton;
end.
```

```pascal
program PRIMZAHL;                              (* N. Mommer *)

(* Das Programm läuft unter Turbo Pascal 4.0 (MS-DOS).    *)
(* Es berechnet Primzahlen von 2 bis 9999.                *)

Uses Crt;

var zahl, teiler, k : integer; ch : char; err : boolean;

begin
clrscr; gotoxy(20, 4);
writeln('                     '); gotoxy(20, 5);
writeln('   PRIMZAHLEN  '); gotoxy(20, 6);
writeln('                     '); gotoxy(1, 10);
writeln('Dieses Programm berechnet Primzahlen bis 9999.');
writeln('Anhalten des Bildschirms:    <RETURN> drücken.');
writeln('Abbruch: Taste s betätigen.');
writeln; writeln('<RETURN>'); readln;
k := 2; zahl := 2; err := false;
repeat
  repeat
  teiler := 3;
  if zahl/2 = int(zahl/2) then teiler := zahl;
  if zahl = 2 then write(zahl:5);
  if zahl = 3 then write(zahl:5);
  while teiler <= sqrt(zahl) do begin
    if zahl / teiler <> int(zahl / teiler) then
      teiler := teiler + 2
    else teiler := zahl;
    end;
  if zahl > teiler then begin
    write(zahl:5); k := k + 1;
    if (k mod 15) = 0 then writeln(' ');
    end;
  zahl := zahl + 1;
  until ((zahl = 9999) or keypressed);
  readln(ch); if (ch = 's') then err := true;
until ((zahl = 9999) or err);
if err then begin
  writeln('<RETURN>'); readln;
  end;
end.
```

2	3	5	7	11	13	17	19	23	29	31	37	41
43	47	53	59	61	67	71	73	79	83	89	97	101
103	107	109	113	127	131	137	139	149	151	157	163	167
173	179	181	191	193	197	199	211	223	227	229	233	239
241	251	257	263	269	271	277	281	283	293	307	311	313
317	331	337	347	349	353	359	367	373	379	383	389	397
401	409	419	421	431	433	439	443	449	457	461	463	467
479	487	491	499	503	509	521	523	541	547	557	563	569
571	577	587	593	599	601	607	613	617	619	631	641	643
647	653	659	661	673	677	683	691	701	709	719	727	733
739	743	751	757	761	769	773	787	797	809	811	821	823
827	829	839	853	857	859	863	877	881	883	887	907	911
919	929	937	941	947	953	967	971	977	983	991	997	1009
1013	1019	1021	1031	1033	1039	1049	1051	1061	1063	1069	1087	1091
1093	1097	1103	1109	1117	1123	1129	1151	1153	1163	1171	1181	1187
1193	1201	1213	1217	1223	1229	1231	1237	1249	1259	1277	1279	1283
1289	1291	1297	1301	1303	1307	1319	1321	1327	1361	1367	1373	1381
1399	1409	1423	1427	1429	1433	1439	1447	1451	1453	1459	1471	1481
1483	1487	1489	1493	1499	1511	1523	1531	1543	1549	1553	1559	1567
1571	1579	1583	1597	1601	1607	1609	1613	1619	1621	1627	1637	1657
1663	1667	1669	1693	1697	1699	1709	1721	1723	1733	1741	1747	1753
1759	1777	1783	1787	1789	1801	1811	1823	1831	1847	1861	1867	1871
1873	1877	1879	1889	1901	1907	1913	1931	1933	1949	1951	1973	1979
1987	1993	1997	1999	2003	2011	2017	2027	2029	2039	2053	2063	2069
2081	2083	2087	2089	2099	2111	2113	2129	2131	2137	2141	2143	2153
2161	2179	2203	2207	2213	2221	2237	2239	2243	2251	2267	2269	2273
2281	2287	2293	2297	2309	2311	2333	2339	2341	2347	2351	2357	2371
2377	2381	2383	2389	2393	2399	2411	2417	2423	2437	2441	2447	2459
2467	2473	2477	2503	2521	2531	2539	2543	2549	2551	2557	2579	2591
2593	2609	2617	2621	2633	2647	2657	2659	2663	2671	2677	2683	2687
2689	2693	2699	2707	2711	2713	2719	2729	2731	2741	2749	2753	2767
2777	2789	2791	2797	2801	2803	2819	2833	2837	2843	2851	2857	2861
2879	2887	2897	2903	2909	2917	2927	2939	2953	2957	2963	2969	2971
2999	3001	3011	3019	3023	3037	3041	3049	3061	3067	3079	3083	3089
3109	3119	3121	3137	3163	3167	3169	3181	3187	3191	3203	3209	3217
3221	3229	3251	3253	3257	3259	3271	3299	3301	3307	3313	3319	3323
3329	3331	3343	3347	3359	3361	3371	3373	3389	3391	3407	3413	3433
3449	3457	3461	3463	3467	3469	3491	3499	3511	3517	3527	3529	3533
3539	3541	3547	3557	3559	3571	3581	3583	3593	3607	3613	3617	3623
3631	3637	3643	3659	3671	3673	3677	3691	3697	3701	3709	3719	3727
3733	3739	3761	3767	3769	3779	3793	3797	3803	3821	3823	3833	3847
3851	3853	3863	3877	3881	3889	3907	3911	3917	3919	3923	3929	3931
3943	3947	3967	3989	4001	4003	4007	4013	4019	4021	4027	4049	4051
4057	4073	4079	4091	4093	4099	4111	4127	4129	4133	4139	4153	4157
4159	4177	4201	4211	4217	4219	4229	4231	4241	4243	4253	4259	4261
4271	4273	4283	4289	4297	4327	4337	4339	4349	4357	4363	4373	4391
4397	4409	4421	4423	4441	4447	4451	4457	4463	4481	4483	4493	4507
4513	4517	4519	4523	4547	4549	4561	4567	4583	4591	4597	4603	4621
4637	4639	4643	4649	4651	4657	4663	4673	4679	4691	4703	4721	4723
4729	4733	4751	4759	4783	4787	4789	4793	4799	4801	4813	4817	4831

```pascal
program QUGLEICH;                              (* C. Stemmer *)

(* Das Programm läuft unter Turbo Pascal 4.0 (MS-DOS).    *)
(* Es berechnet die reellen Lösungen quadr. Gleichungen. *)

Uses Crt, Graph3;

(*$i inc.pas*) (* Fügt die externe Datei 'inc.pas' ein.  *)
(* Diese enthält Eingaberoutinen (get_int, get_real).    *)

type str80 = string[80];

var a, b, c, e, f, jl : real; tl, s : integer;
    err : boolean; w : char;


procedure eingabe (var al, bl, cl : real);

begin
clrscr; gotoxy(15, 4);
writeln('                                        '); gotoxy(15, 5);
writeln('   QUADRATISCHE GLEICHUNG   '); gotoxy(15, 6);
writeln('                                        '); writeln; writeln;
writeln('Dieses Programm berechnet die reellen ',
  'Lösungen einer');
writeln('quadratischen Gleichung. Die Gleichung ',
  'hat die Form: '); writeln;
writeln('               A*X^2 + B*X + C = 0'); writeln;
writeln('mit reellen Koeffizienten A, B, C.'); writeln;
writeln('Geben Sie bitte',
  ' A <RETURN>, B <RETURN>, C <RETURN> ein!'); writeln;
repeat
  clry(20); write('  A = '); al := get_int(err);
until (not err);
repeat
  clry(21); write('  B = '); bl := get_int(err);
until (not err);
repeat
  clry(22);
  write('  C = ');
  cl := get_int(err);
until (not err);
end;
```

```pascal
procedure berechnung (
   var s1 : integer; a2, b2, c2 : real; var e2, f2 : real);

var d2, dee : real; e : char;

begin
if a2 = 0 then begin
  if b2 = 0 then begin
    if c2 = 0 then begin
      writeln; writeln;
      writeln('Die Gleichung ist allgemeingültig.')
      end
    else begin                                    (* c2 <> 0 *)
      writeln; writeln; writeln('Die Gleichung ',
        'besitzt keine reelle Lösung.');
      end
    end
  else begin                                      (* b2 <> 0 *)
    writeln; writeln;
    writeln('Die Gleichung ist linear. Lösung:');
    writeln; dee := (-c2/b2);
    writeln('                    X =  ', dee:3:5);
    end
  end
else begin                                        (* a2 <> 0 *)
  d2 := ((b2*b2)-(4*a2*c2));
  if d2 < 0 then begin
    writeln; writeln;
    writeln('Die Gleichung besitzt keine reelle Lösung.')
    end
  else begin
    e2 := ((-b2+sqrt(d2))/(2*a2));
    f2 := ((-b2-sqrt(d2))/(2*a2));
    if e2 = f2 then begin
      writeln; writeln;
      writeln('Diese Gleichung besitzt eine (doppelte)',
        ' Lösung:'); writeln;
      writeln('                    X = ', e2);
      end
    else begin
      writeln('Die Gleichung besitzt die Lösungen:');
      writeln;
      writeln('                    X1 = ', e2:3:5);
      writeln('                    X2 = ', f2:3:5);
      end;
```

```pascal
      end;
   end;
writeln; writeln; writeln; writeln;
writeln('    Zum Weitermachen bitte <RETURN> betätigen!');
readln;
end;


procedure zeichnen(
   a, b, c : real; var t : integer; var j : real);

var k, i, jot, jot1, tee, kah, iih : integer; z : real;

begin
graphcolormode; palette(3);
for i := 0 to 319 do plot(i, 100, 2);
for k := 0 to 199 do begin
  plot(160, k, 2); kah := 0; iih := 0
  end;
while iih < 320 do begin
  draw(iih, 98, iih, 103, 2); iih := iih + 10;
  end;
while kah < 200 do begin
  draw(158, kah, 163, kah, 2); kah := kah + 10;
  end;
j := (-180/10);
writeln('<RETURN>');
repeat
  z := (((a*j*j) + (b*j) + c)*5);
  if (abs(z) < 101) then begin
    t := (round(-z) + 100); jot := trunc(j*10);
    plot(jot+160, t, 0);
    tee := (round(-5*((a*(j-1/10)*(j-1/10)) +
        b*(j-1/10)+c))) + 100;
    jot1 := jot - 1;
    draw((jot+160), t, (jot1+160), tee, 3);
    end;
  j := j + (1/10);
until keypressed;
end;


function ja(x, y : integer; text : str80) : boolean;
      (* Fragt den Text ab und setzt je nach Antwort ja. *)
var c : char;
```

```pascal
begin
gotoxy(x, y); write(text);
repeat
  gotoxy(x+length(text), y); read(c)
until c in ['J','j','Y','y','N','n'];
case c of
  'J','j','Y','y': ja := true;
  'N','n' : ja := false
  end
end;


begin                                              (* main *)
repeat
  eingabe(a, b, c); writeln; writeln;
  berechnung(s, a, b, c, e, f); writeln; writeln; writeln;
  zeichnen(a, b, c, tl, jl); textmode(co80);
until not
 ja(1, 14, 'Wollen Sie noch eine Berechnung? (j/n) ')
end.
```

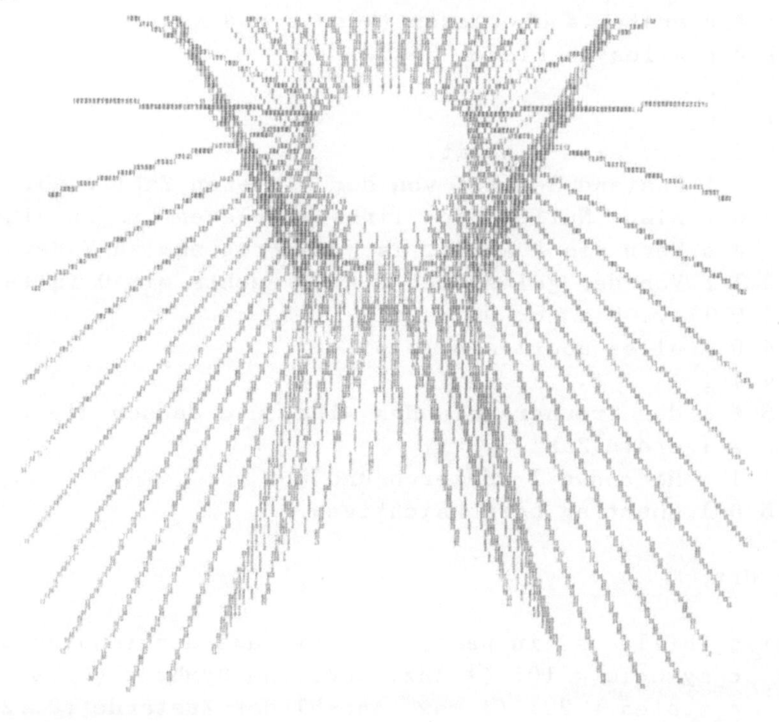

```
program TURINGMA;                               (* Armin Herold *)

(* Das Programm läuft unter Turbo Pascal 4.0 (MS-DOS).    *)
(* Es simuliert eine Turingmaschine. Die Eingabe wird     *)
(* aus einer Datei gelesen, die folgende Form hat:        *)
(* Zuerst kommen die Symbole, mit denen das Band          *)
(* vorbelegt ist. Zur Kennzeichnung deren Ende ist ein    *)
(* '&' zu verwenden. Die folgende Integer-Zahl gibt an,   *)
(* ab welcher Bandstelle mit der Verarbeitung begonnen    *)
(* werden soll. Nun folgt das Programm:                   *)
(* (number) (symbol) (number) (symbol) <L, R, S> (Komm.)  *)
(* number ist eine Integer-Zahl;                          *)
(* symbol muß aus der Menge der Bandsymbole sein;         *)
(* L(inks) bzw. R(echts) bewegt das Band in die ent-      *)
(* sprechnende Richtung; STOP beendet die Verarbeitung.   *)
(* Danach kann ein beliebiger Kommentar stehen;           *)
(* er wird beim Einlesen ignoriert.                       *)
(* Hier ein Beispiel einer Inputdatei :

# # # # 0 0 0 0 1 0 1 1 # # 0 1 0 0 0 0 1 9 # # # # &1
0 # 1 # r erstes # überlesen (könnte man sparen)
1 # 1 # r alles überlesen bis...
1 0 1 0 r
1 1 1 1 r
1 9 2 9 1 ... eine 9 kommt.
2 0 2 0 1 Zustand 2 zieht von der hinteren Zahl 1 ab.
2 1 3 0 r Also: Nullen nach links überlesen bis zu einer 1
2 # 2 # s Wenn ein # kommt, ist das Programm zu Ende.
3 0 3 1 r Von der gelöschten 1 nach rechts mit 0 füllen...
3 9 4 9 1 ... bis zur 9.
4 0 4 0 1 alles überlesen, bis ...
4 1 4 1 1
4 # 5 # 1 der Trenner gefunden wird, und danach die ...
5 # 5 # 1 erste Zahl.
5 0 1 1 r Hier nun 1 addieren und ...
5 1 5 0 1 Übertrag berücksichtigen.                       *)


Uses Crt;


const c_infile  = 'in.pas';        (* Name der Input-Datei *)
      c_symbols = 10; (* Anz. mögliche Symbole (0..9, #) *)
      c_states = 20; (* max. Anzahl der Zustände (0..20) *)
```

```pascal
type t_bandsym = set of char;
     t_band = array[0..40] of char;

var inp   : text;                                      (* Inputfile *)
    sym   : t_bandsym;  (* auf dem Band erlaubte Symbole *)
    band  : t_band;                         (* Das Band selbst *)
    n_mov : array[0..c_states,0..c_symbols] of char;
                   (* Bandbewegung nach Zug (R / L / S) *)
    n_sym : array[0..c_states,0..c_symbols] of char;
            (* Ausgabesymbole für alle möglichen Zustände *)
    n_sta : array[0..c_states,0..c_symbols] of integer;
              (* Folgezustand für alle möglichen Zustände *)
    start : integer;          (* Da geht es auf dem Band los *)
    line  : integer;       (* zählt Zeilen der Input-Datei *)


procedure init;

const offset = '            ';
var i, j : integer;

begin
clrscr;
writeln; writeln; writeln; writeln; writeln; writeln;
writeln (offset, offset, 'Turingmaschine'); writeln;
writeln (offset, 'Liest Eingabe aus der Datei in.pas');
writeln; writeln (offset, 'Einen Moment...');
writeln; writeln; writeln;
for i := 0 to 40 do band[i] := '#';
for i := 0 to c_states do
   for j := 0 to c_symbols do begin
       n_sym[i, j] := '#';
       n_sta[i, j] := 0;
       n_mov[i, j] := 'S';
       end;
line := 2;
sym := ['0', '1', '2', '3', '4', '5', '6', '7', '8',
   '9', '#', '&'];
assign(inp, c_infile);
(*$i-*) reset(inp); (*$i+*)
if (ioresult <> 0) or (eof(inp)) then begin
   writeln('Eingabedatei nicht gefunden, ',
      'oder leere Eingabedatei.');
```

```pascal
   writeln('Die Datei muß ', c_infile,
      ' heißen und auf dem aktiven');
   writeln('Laufwerk zu finden sein!');
   writeln('Bitte überprüfen, und Programm neu starten!');
   halt;
   end;
end;


procedure first_data;

const offset = '            ';

var lastch, ch, mo, sy1, sy2 : char;
    j1, i3, st1, st2 : integer; end_file : boolean;


   function getchar : char;

   begin
   lastch := '&;
   if eof(inp) then end_file := true;
   if (not end_file) then read(inp, lastch);
   lastch := upcase(lastch);
   if not (lastch in ['0'..'9', 'L', 'R', 'S', '#', '&'])
      then lastch := ' '; (* cr, lf, Schrott eliminieren *)
   if lastch in ['R', 'L', 'S'] then begin
      readln(inp);
      line := line + 1;
      end;
   getchar := lastch;
   end;


   function getint : integer;      (* Liefert ein Integer. *)

   var j : integer; ch : char; minus : boolean;

   begin
   repeat
      ch := getchar;
   until (ch <> ' ');
   j := 0; minus := false;
   if ch = '-' then minus := true;
   if ch in ['+', '-'] then ch := getchar;
```

```pascal
   while (ch in ['0'..'9']) do begin
      j := j * 10 + ord(ch) - ord('0');
      ch := getchar;
      end;
   getint := j;
   end;


   function getsym : char;              (* Liefert ein Symbol. *)


   var ch : char;


   begin
   getsym := '?';
   repeat
      ch := getchar;
   until (ch <> ' ');
   if not (ch in sym) then begin
      writeln('Falsches Symbol: <', ch, ord(ch), '>');
      writeln('In Zeile', line:5);
      halt;
      end
   else getsym := ch;
   end;


   function get_move : char;
                     (* Liefert einen Zug (R, L, S) zurück. *)
   var ch : char;


   begin
   get_move := '?';
   repeat
      ch := getchar;
   until (ch <> ' ');
   if ch in ['&, 'R', 'L', 'S'] then get_move := ch
   else begin
      writeln('Falscher Zug : <', ch, '>');
      writeln('In Zeile', line:5);
      halt;
      end;
   end;


begin                                        (* first_data *)
jl := 1; end_file := false;
ch := getchar;
```

```pascal
repeat                      (* Vorbelegung für das Band lesen. *)
   if ch in sym then begin
      band[jl] := ch;
      jl := jl + 1;
      end;
   ch := getchar;
until (eof(inp)) or (ch = '&');
if eof(inp) then begin
   writeln('Kein <& im File gefunden!');
   writeln('Bitte neue Eingabedatei bauen!');
   close(inp);
   halt;
   end;                     (* Jetzt Tabelle füllen! *)
start := getint;
repeat
   i3 := -1;
   stl := getint;
   syl := getsym;
   if syl = '#' then i3 := 10
   else i3 := ord(syl) - ord('0');
   st2 := getint;
   sy2 := getsym;
   mo := get_move;
   if not end_file then begin
      n_sym[stl, i3] := sy2;
      n_sta[stl, i3] := st2;
      n_mov[stl, i3] := mo;
      end;
until end_file;
end;


procedure work;

var i3, i, j : integer;
    n_move, n_symbol, a_mov, a_symbol : char;
    n_state, a_state : integer;
    b_pos : integer;


   procedure show_state;

   var i : integer;
```

```pascal
      begin
      delay(70);
      gotoxy(1, 10);
      for i := 1 to 30 do write(band[i], ' ');
      writeln;
      if b_pos < 40 then begin
         for i := 1 to b_pos-1 do write('  ');
         writeln('^    ');
         end;
      end;


   (* Startzustand : Zustand = 0; Band steht bei Start; *)
begin
clrscr; gotoxy(75, 1); write('AH87');
a_state := 0;
b_pos := start;
repeat
   a_symbol := band[b_pos];
   if a_symbol = '#' then i3 := 10
   else i3 := ord(a_symbol) - ord('0');
   n_symbol := n_sym[a_state, i3];
   n_move := n_mov[a_state, i3];
   n_state := n_sta[a_state, i3];
   show_state;
   a_state := n_state;
   band[b_pos] := n_symbol;
   if n_move = 'L' then b_pos := b_pos - 1;
   if n_move = 'R' then b_pos := b_pos + 1;
   if b_pos < 1 then begin
      b_pos := 1;
      writeln('Links rausgefallen!');
      end
   (* Array kann vergrößert werden; kein Test auf > max. *)
until ((n_move = 'S') or keypressed);
end;


begin (* main *)
init;
first_data;
work;
end.
```

LITERATUR

G. Birkhoff und T. Bartee (1973). „Angewandte Mathematik." Oldenbourg, Wien.

I. Blake and R. Mulin (1975). „The Mathematical
Theory of Coding." Academic Press, New York.

L. Blumenthal (1961). „A modern view of geometry."
W. H. Freeman, San Francisco.

K. Bogart (1987). „Discrete Mathematics." D. C.
Heath, Lexington.

H. Coxeter (1973). „Regular Polytopes." Dover, New
York.

J. Duske und H. Jürgensen (1977). „Codierungs-
theorie." B. I., Mannheim.

Euklid (1971). „Die Elemente." Wiss. Buchgesell-
schaft, Darmstadt.

W. Felscher (1978). „Naive Mengen und abstrakte Zahlen I-III." B. I., Mannheim.

W. Ganong (1974). „Physiologie." Springer, New York.

P. Giblin (1981). „Graphs, surfaces and homology."
Chapman and Hall, London.

R. Halin (1980). „Graphentheorie." Wiss. Buchgesell-
schaft, Darmstadt.

P. Halmos (1972). „Naive Mengenlehre." Vandenhoeck &
Ruprecht, Göttingen.

B. Hassenstein (1977). „Biologische Kybernetik."
Quelle & Meyer, Heidelberg.

E. Höhn (1983). „elektronische musik." Hueber-Holz-
mann, München.

„Intensivkurs Mathematik." (1985-87). Universität
Konstanz und Ulm.

K. Jensen and N. Wirth (1978). „Pascal. User Manual
and Report." Springer, New York.

D. Judin and E. Gol'stejn (1968). „Lineare Optimie-
ung." Akademie, Berlin.

D. Knuth (1975). „The art of computer programming."
Addison-Weseley, Reading.

J. Kruskal Jr. (1956). On the shortest spanning sub-
tree of a graph and the traveling salesman problem.
Proc. Amer. math. Soc. 7, 48-50.

R. Lidl and H. Niederreiter (1983). „Finite fields."
Addison-Weseley, Reading.

S. Lipschutz (1966). „Finite Mathematics." McGraw
Hill, New York.

S. Lipschutz (1976). „Discrete Mathematics." McGraw
Hill, New York.

A. Nijenhus (1975). „Combinatorial Algorithms."
Academic Press, New York.

H. Peitgen and P. Richter (1986). „The beauty of
fractals." Springer, New York.

R. Prim (1957). Shortest connections networks and
some generalizations. *Bell System Tech. J.* 36,
1389-1401.

G. Sagerer (1985). „Darstellung und Nutzung von Ex-
pertenwissen für ein Bildanalysesystem." Springer,
Berlin.

P. Sneath and R. Sokal (1973). „Numerical Taxonomy."
W. H. Freeman, San Francisco.

B. van der Waerden (1955): „Algebra I." Springer,
Berlin.

R. Wille (1987). Bedeutung von Begriffsverbänden. *In:*
B. Ganter et al (eds.), „Beiträge zur Begriffsanalyse." B. I., Mannheim, 161-211.

R. Wilson (1976). „Einführung in die Graphentheorie."
Vandenhoek & Ruprecht, Göttingen.

BILDER- UND PROGRAMM-VERZEICHNIS

Zu dem angegebenen Thema (z. B. Appleman) heißt:
A, 125: es gibt ein Programm im Anhang Seite 125,
7.3, 71: es gibt ein Bild 7.3 auf Seite 71.

INDEX DER SYMBOLE

$\notin$, $x \notin M$, x ist nicht ein Element der Menge M, 6

$f \circ g$, Komposition der Abbildungen f und g, 12

$(G;+,-,0)$, abelsche Gruppe, 57

$(G;\cdot,^{-1},1)$, multiplikative Gruppe, 58

$GF(m)$, Galoisfeld, 58

$|G|$, Ordnung einer Gruppe, 103

$ggT(a,b)$, größter gemeinsamer Teiler von a,b, 20

(G,M,I), Kontext, 91

gIm, g inzidiert mit m, 91

$H(G)$, Hierarchie, 107

i, komplexe Wurzel aus -1, 68

id, Identität, 12

$(K;+,\cdot,-,^{-1},0,1)$, Körper, 58

$\kappa = \kappa_{\approx}$, kanonische Abbildung, 12

$K(G)$, minimale Klassen, 104

$|M|$, Anzahl der Elemente, Mächtigkeit der Menge M, 16

$\mu(x)$, Moebiussche Funktion, 27

$\mathbb{N}$, natürliche Zahlen, 9

$\mathbb{N}_o = \mathbb{N} \cup \{0\}$, 9

$n!$, n-Fakultät, 17

$\binom{n}{k}$, Binomialkoeffizient, 17

$Or(z)$, Orbit von z, 69

P_c, $P_c(z) = z^2 + c$, 69

p^n, 69

$p^n(z) \to \infty$, 69

$\neg(p^n(z) \to \infty)$, 69

$\Psi(n)$, Eulersche Ψ-Funktion, 22

$\mathbf{P}(X)$, Potenzmenge von X, 7

$\mathbf{P}_1(D)$, zweielementige Teilmengen (Kanten) von D, 36

$\Pi_{i=1}^{n} A_i$, Produkt, 9

INDEX DER BEZEICHNUNGEN